北京は太平洋の覇権を握れるか

想定・絶東米中戦争

Hyodo Nisohachi
兵頭二十八

草思社

北京は太平洋の覇権を握れるか——想定・絶東米中戦争◎目次◎

地図作成＝小笠原諭（アートライフ）

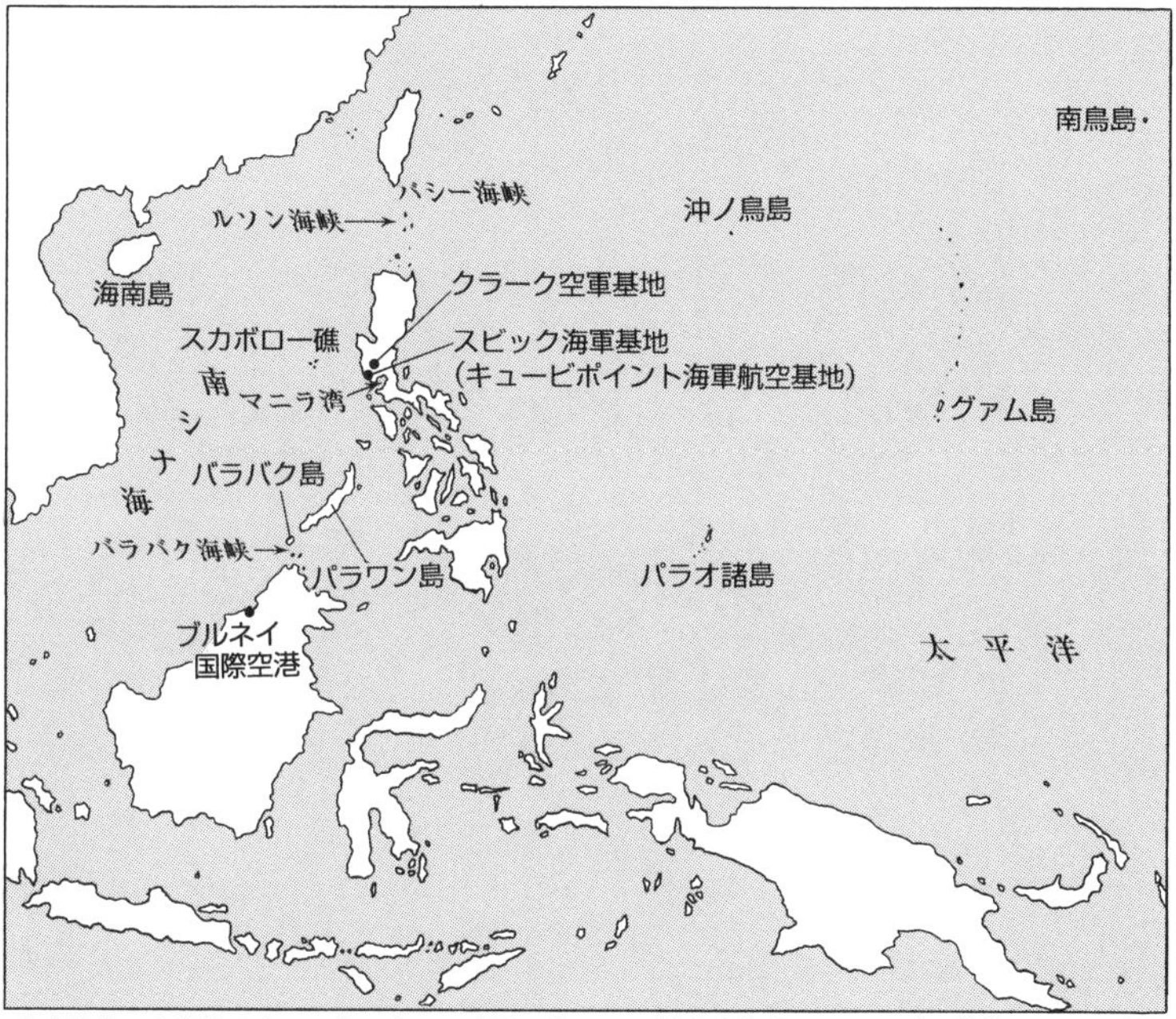

米中戦争の主戦場は南シナ海である。米軍にとっての最前方拠点はフィリピン群島である。中共軍にとっての最前線基地は海南島だ。海空線では「分散」と「集中」をほしいままにできる側が有利である。米軍は、事前の長時間の協議無しにフィリピン群島内の複数の拠点に進出し、また後退し得る。その後退する先もほぼ無数にある。米中の戦闘状態が本格化すれば、比島政府は、クラークやキュービポイント以外の複数の「前線飛行場」も米軍に提供するであろう。それらの米軍拠点すべてを中共軍の有限な地対地ミサイルで制圧し続けることは、現実的に不可能である。

マラッカ海峡を通行不能にすることは、米国も中共にも、あるいはマレーシアやインドネシアにすらも、たやすい。そしてもしもマラッカ海峡に機雷が撒かれてしまった場合、それだけで中共国内は石油の備蓄がたちまち枯渇し、民生の上でも戦争計画の上でも致命的なダメージを蒙ってしまう。そんな弱点を百も承知で軍人たちに威勢のよいことを言わせている北京の首脳には、何か「通常戦争」とは別な意図があると疑っておくのが穏当だろう。さなきだに、南シナ海で中共軍が事を起こせば、周辺すべての軍事拠点から「反支連合軍」が袋叩きとし得る態勢であることは、この地図によって明瞭だ。なおスンダ海峡は暗礁帯のため商船や軍艦が利用することは昔から滅多にない。

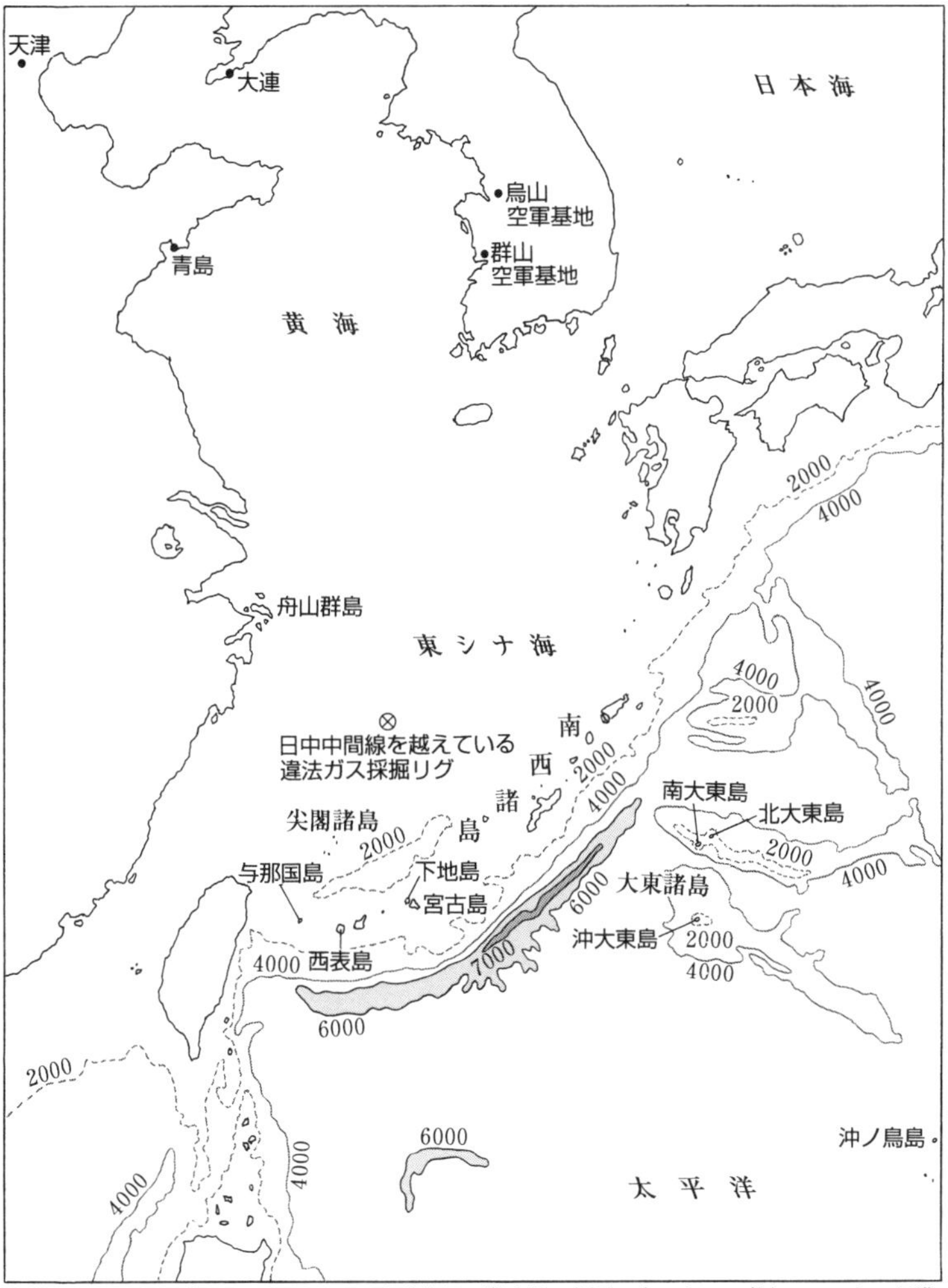

太平洋への遠征を命じられてしまった中共海軍の潜水艦の艦長の身になって考えてみると、軍港を出たら、すこしでも海の深いところを選んで通り、なるだけ早く、水深2000メートル以上の深い海まで到達してしまいたい。というのは、海底に動かずにじっと潜んで敵を待つ場合なら、400メートル未満の浅い海は、圧壊の心配がなく、騒音を発生させる浮力微調節ポンプを作動させなくてよく、好都合といえるが、こちらから運動しなければならぬときには、水深2000メートルよりも浅い海だと、触雷等の危険がつきまとうためだ。台湾とフィリピンのあいだの海峡は水深が深い。だがそこは米海軍の海中監視努力も濃密だ。次等の狙い目は、わが宮古島の周辺だろう。

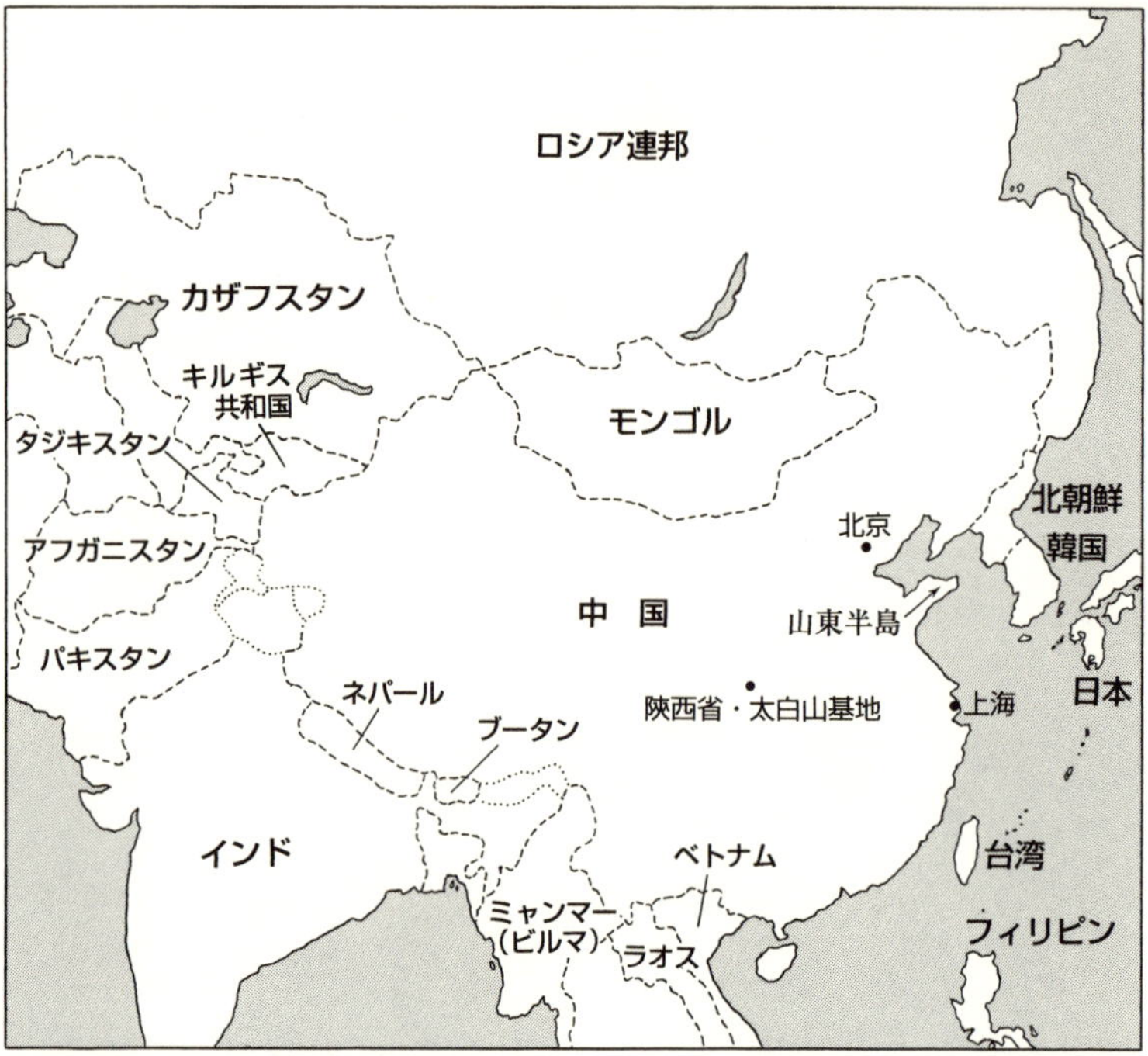

米軍の最大の関心事は、中共が貯蔵する核弾頭が、大戦争のドサクサで、反米テロ組織や地方軍閥などの手におちてしまうことのないように、いちはやくその貯蔵施設を占領して核物質すべてを確保することだ。陝西省にあるという地下トンネル式の弾薬庫を制圧するためには、山東半島もしくはモンゴルから空挺作戦を実行するしかないことが、この地図から分かるであろう。なお、米中戦争の「サイド・ショー」として、アフガニスタンとインドから、米軍の特殊部隊がパキスタンに奇襲的に侵攻し、同様に核弾頭貯蔵庫を確保して、多年の不安をこのさい廓清しようとするであろうことは、疑いもないように思われる。

プロローグ――米支の権益地域としての絶東

絶東の不安定さ

日本人は「極東」のことを、明治のある時期には「絶東《ぜっとう》」と呼んだ。外務大臣の大隈重信は明治三十年二月に衆議院で、〈欧州からみてアジアには「近東」と「絶東」がある〉と語っている。

近代日本人の弱点は、孤立を嫌って筋の悪い外国と結びがちなことだが、「絶東」には、孤立に悩まない愉快で健全な響きがある。この呼称をいま、あらためて復活させるなら、日清戦争も日露戦争も日米戦争も〈絶東の戦争〉であった。

そしてもし近未来に「米支戦争」が勃発するとすれば、それはきっと地球的なひろがりをもつにちがいなくとも、主な衝突地域はやはり「絶東」となること、当然だろう。米軍は中共の西部国境に接する「スタン」国家群内に安定的な基地を有しておらず、細くて長い陸路の補給に頼ることの厄介さをアフガニスタンでいやというほど学んでいるから、そんな方面を主戦場に選びはしない。

絶東の一つの特徴に、ビルマ沿岸から日本列島にかけての長大な海上船舶通航路を、沿岸に散在する国のいずれかが、境界線紛争などの何かのはずみで突如、特に意図しないでも結果として無差別的に、妨害することになるやもはかられぬという、安定の「こころもとなさ」がある。事あれかしとチャンスを狙う者にとって「盧溝橋《ろこうきょう》事件」の再演出はわけもないのだ。

絶東海域は、日本や中共にとって、中東石油の最大の輸入路である。また、中共を鉱業産品の最大の輸出相手としている豪州にとっても、その安静は国益にかなう。

しかしながら、北大西洋のＮＡＴＯのようなガッチリした集団的軍事機構が、この絶東の水域には、睨みを利かせていない。

なにしろ、国連安保理常任理事国であるはずの中共からして、近代的な国際法思想を率先して尊重したがらず、そのはんたいに、しじゅう軍事的なフリーハンドを誇示して、波風を立てている。

米国は、対支の番兵には、できれば日韓両軍を合同であてたいと念願しているようであるが、現下の大韓民国は国家まるごと〈対日へイトクライム（Hate crime 憎悪犯罪）〉に凝り固まった異常心理集団に近きものであると、在韓米軍人も日々感得することができるであろう。けっきょく、米国の気軽な思いつきも韓国人の拒絶に遭うだけであろう。

このため、絶東では、「平時」から「準戦時」に切り替わるときの敷居が低そうだと予期される。

じじつ、陸上国境では、シナとベトナムは常時戦争状態に近い。シナとビルマの国境やメコン川上流沿岸は、匪賊《ひぞく》（麻薬利権をなりわいとする）の聖域も同然だ。チベットにはいつでも内乱の危機があるので、毎年三月に中共軍が示威的な動員輸送演習を同地方で催すのが恒例になっている。

海上で国境を接する隣国に対しては、中共軍はいたるところ、戦争まがいの脅迫も辞さない。露骨な脅しを受けた側で、もし怯《ひる》まなければ、そこで平時が瞬時に戦時に切り替わりかねないのだ。

二〇〇四年十一月十日早朝に、海上自衛隊のP－3C哨戒機が、沖縄領海まで入り込んできたシナ潜水艦を探知した。軍艦は断りなく他国の領海（陸地から十二浬《かいり》内）に入ることは許されてはいない。EEZ（陸地から十二浬〜二百浬の排他的経済水域）内は、誰も管理国の許可なしに勝手な資源調査などすることは許されないのだが、他国の潜水艦が潜航したり、他国の軍艦が訓練するのはかまわないとされる。ただし、潜水艦が潜航のままで領海に侵入すれば、それは無害航行とは認められず、爆雷や対潜魚雷によって撃沈されても文句は言えない（冷戦時代にスウェーデン海軍は、ソ連潜水艦を何度も威嚇爆雷で領海内から撃退した。近年の噂だと、そのとき実際に沈められてしまった潜水艦も複数あったのだという）。

シナ海軍の原潜を使って、沖縄領海を故意に南から北へ横切らせたこの二〇〇四年の軍事的挑発事件について、シナ政府はいまだに日本に謝罪していない。かれらの態度は戦争挑発的で暴力が剝《む》き出しである。もし自衛隊が警告として投下した爆雷に驚き、シナ原潜が操艦を誤って自沈してしまった場合に、中共海軍は次にどのような手に出てきただろうか?

シナよりも弱体な周辺国同士の間柄も、必ずしも友好的ではない。ほとんどすべての二カ国間に、領土境界紛争や漁業問題や海賊問題がある。たとえばマレーシアとインドネシアは民族も宗教も差異がないのに、たまたま第二次大戦前に支配を受けていた宗主国が別なため、政府間では友邦意識よりもライバル意識が勝っている。

げんざい、中共軍に単独で実力をもって対抗できるのは、絶東ではロシアだけだ。インドはヒマラヤ山脈という障壁に助けられて、かろうじて拮抗することを得ている。日本は周りの海が広大な「濠」となっているおかげで、単独対支防衛はそれほど難しくもない立場なのだが、げんざいのところ、同盟国の米国に防衛のかなりの部分を委ねることをよしとしている。

台湾以南における中共の覇権主義的妄動も、現時点では、米国政府の決意と、米軍の太平洋でのプレゼンスが、よくふせぎとめている。

絶東でもし、これ以上シナが兇猛化していったり、または米国の手のひらを返すような政策転向が始まった場合には、西太平洋の静穏はなかなか期待できないだろう。

しかし、一方では、自己宣伝の下手な日本にとっては、気がやすまりそうな概況も生じている。

それは中共が、「サイバー戦争」という、戦争の地理的制限を易々《やすやす》と打破する新手段を手にしたと思って得意になり、世界の顰蹙《ひんしゅく》を買うことにも、あっけらかんと開き直っていることだ。日本がアメリカに向けて何の事実宣伝をしなくとも、シナ人がみずから、すすんで没義道漢《もぎどうかん》の正体を示してくれている。

どういうわけかシナ人は、ハッキング行為が、外国の市民からの憎しみを買う、非紳士的で卑しい、長期的に尊敬も信用もなくす損な犯罪だということが、理解できぬように見える。他者の権利を尊重しても長期的に一銭の得にもならないという長い歴史（それは国防と治安にコストがかかりすぎるシナの地理に由来することはあとで述べる）が、かれらを「近代人」にすることを、こんにちなおさまたげているのだ。

シナ発のハッカー攻撃は、たびかさなる外国政府からの抗議と警告も嘲笑《あざわら》うかのように、調子に乗る一方だ。だいたい二〇〇三年頃からは、西側先進国内における洒落にならぬ官民の損害を、一般世間に対して隠しておけぬぐらいに、悪質化した。

そしてだいたい二〇〇六年以降は、米国朝野の誰をもってしても「米支協調」に向かわせることなど、ほぼあり得ないほどに、対支敵視・対支嫌忌は定着する（日本の「国際通」評論家たちはこれを了察しなかった）。

二〇〇七年後半より、米国の市場では「チャイナ・フリー」（シナからの信用できない輸入品は売りません、買いません）の流儀が支持を受け、いまに至っている。

中共は、米国朝野にとっての「公敵ナンバーワン」として隠れもない存在になりおおせた。日本にとってはリリーフ（ホッとする話）だ。この概況が続くかぎり、日本は「生意気なナンバー2」として世界筆頭強国の米国から厳しくチェックを受ける対象ではない。

ヒトは言語を道具として「未来予測」のできる動物である。未来の自己を安泰にするために、潜在的な強敵は誰なのかを認定し、巧みにそのような他者を無害化する方法を編み出して、危険を予防し続けようとする。

そうした個人が集う団体である国家も同様に、先行きを見越し、できるだけ安全・安価・有利に、将来の自国民の「飢餓と不慮死の可能性からの遠さ」を確保しようと図る。

世界帝国だったスペインの凋落いらいこのかた、グローバルなナンバーワン強国は、「ナンバー2」の強国の隆盛を歓迎せず、傍観せず、放置もしない。かりに現在、「ナンバー2」が軍事力を伴わない経済大国にすぎないとしても、その国民の先進大国意識と技能ポテンシャルとは、一夜にして、ナンバーワンを脅かす軍事資源に転換され得る。これを、人間のもつ最強の武器「言語理性」は、「歴史」に徴して予見が可能なのである。だから現代のナンバーワン強国は、つねに「ナンバー2」を圧迫し、その勢いを挫く政治攻勢を仕掛けぬわけにはいかない。かくしてソ連が崩壊したのちの一九九〇年代は、日本がアメリカから叩かれる巡りあわせになった。

ところがその日本を出し抜き、初めからナンバーワンに対して害意を隠さない、核ミサイル保有国で元気満々の「新ナンバー2」が登場してくれたのだ。

新興シナ帝国には、死に絶えた過去の諸帝国と同様、「国境」の概念がない。国力が大きくなれば、「マイ・ルール」をいくらでも他者へ押しつけてかまわぬと考える。かれらはシナ国内の労働者たちに社会保障をいたって手薄くしか与えず、〈奴隷的労働〉によって生みだされる不正不当な低コストを活用して米国市場を浸蝕して雇用も奪うが、みずからの市場は開放しない。開放するというリップサービスだけが米国要人に対して与えられる。しかしそんな口先協調は、そういつまでも他国人を欺き通せない。

自己の立場が弱くて不安なときのシナ人ビジネスマンやシナ人政治家が示す、外国人への友《ゆう》誼《ぎ》的態度は、「洗練」をとびこえて「最高」である。誰もがこの誠意あふれる努力家のシナ人のために一肌脱いでやろうかと思うほどらしい。が、ひとたび自己の立場が強くなり、安心できると、シナ人は手のひらを返す。外国で何十年も社長に尽くして、その社長からは家族のように遇されてきたシナ人の幹部社員が、ある日、その社長を裏切るのに、何の葛藤にも悩まないようだ。

長くつきあえばつきあうほど、シナ人は「相方《あいかた》」との信頼関係の貯金を積み立てるのをやめ、裏切ってみずからボスになる頃合いをみはからうようになる。隠しても隠せないこのパターンを、スロー・ラーナー（Slow-Learner 学ぶに時間のかかる人）たるアメリカ人たちもついに承知した。

米国指導層は、中共との「友好親善」の余地などないことを、ようやくに悟った。口先で「米支共栄」が謳《うた》われることはあろう。だがそれは、外交会場を粉飾する時間稼ぎのマヌーバ（政治術策）であると、どちらも承知している。

決戦の場であり終戦の場ともなる西太平洋

米支のグローバルな角逐は、ソ連の弱体化と同時に始まっている。太平洋（西太平洋）は、テクニカルには、その一局面である。

囲碁と同じで、盤面の一隅のみで勝負は展開しない。中央アジアや南アジアでも、またアフリカやラテンアメリカでも、米支の冷戦は現在進行中だ。おそらく両国の首脳には、「相手を凌《しの》がねば」という意識のみがあって、地球上のどこで争うかについては、頓着などしていないであろう。

しかし、シナの海岸線は西太平洋にしか面していない。

そして米軍は、海岸からの干渉を好む。

シナ軍は、海岸線に米海軍を近づけないことが、米国からの干渉を防ぐためには必要だと信じており、対米開戦を決意した暁には、潜水艦も公船も商船も漁船も総動員して、できれば開戦予定日の十日前から機雷を撒《ま》くつもりである（タイマーおよび音響指令機能によって開戦日に活性化する）。

かたや米海軍は、マラッカ海峡やロンボク海峡等に水上艦による「封鎖線」をつくり、それを世界の海上保険会社に通知し、シナ海軍の軍港前には機雷を敷設すれば、中共体制そのものが石油・石炭・電力飢饉から崩壊すると計算している。

ハイテクかローテクかのバリエーションはあるが、米支どちらも機雷敷設は得意である。そしてどちらも、機雷掃海が得意だとは申せない（米軍は、時間をかければやれるぞというレベル。シナ軍は、時間をかけてもできないというレベル）。

米軍は、優先すべき掃海海面をペルシャ湾（＝ホルムズ海峡）に決めている。限りある掃海資源（掃海艇と掃海ヘリ）は、そちら（バーレーンに拠点軍港あり）に集中するつもりだ。佐世保には、軍港出口の面倒をみるぐらいがせいぜいの最小限の掃海艇しか残さない。

シナ海軍は従来、掃海のための人材を育成してこず、有事には漁船を掃海任務に徴用する予定でいるが、そんなもので除去ができるほど、こんにちの機雷は甘くもない。

南シナ海に接続するすべての海峡、黄海の全域、そして東シナ海の要所は、沈底機雷、繫維《けいい》機雷、深度二メートルから七メートルのあいだで浮き沈みをくりかえす意図的浮遊機雷（もちろんハーグ条約違反だが、シナ人はそんなことに頓着せぬ）、米軍だけがもつＣＡＰＴＯＲ機雷（敵の潜水艦だけに反応して自律誘導魚雷が自動で飛び出す）などで埋め尽くされ、中共政権が亡びたあとも、黄海と南シナ海は、何年間も誰も通航のできない死の海（同時に誰も漁労できないから海洋生物にとっては天国の海か）になるだろう。

シナ領海から続く沖合の海面は、中東から原油を積み取った日本の大型タンカーや、日本の工業製品を欧州や米国東海岸に向けて送り届ける貨物船も、多く通航している（特に大きなマンモスタンカーだと、インド洋→ロンボク海峡→マカッサル海峡→スールー海→バラバク海峡→南シナ海→ルソン海峡→太平洋→九州・本州という復航ルートも多いと思われる）。

もし米支間に戦闘状態が生起するときは、バラバク海峡には真っ先にシナ軍の機雷が敷設され、タンカーなど通れなくなることは確実である。これについては、先の日米戦争の経緯も参考になる。シナ軍も当然、そこは研究済みであろう。

一九四一年十二月の日米開戦前夜、米海軍の潜水艦隊根拠地としてはマニラ湾のカヴィテ港があったのだが、フィリピンはすぐに日本軍により占領されてしまう。そこで米海軍は、あらたな潜水艦隊の作戦センターを探し、まず豪州北岸のダーウィンに目をつけた。しかるに同港は潮汐《ちょうせき》が悪く、蘭印を支配した日本軍から機雷も仕掛けられかねない地勢だったため、あらためて一九四二年三月、豪州西岸のパース市の港であるフリーマントル（一八二九年に上陸した英海軍提督のFremantleにちなみ、発音は「フリー」と伸ばす）が秘密基地に選ばれて、浮きドックなどがそこに集められた。

一九四五年の日本降伏まで、このフリーマントルがアジア最大の潜水艦基地であり、米潜百二十五隻、英潜三十一隻、オランダ潜が十一隻、蟠居《ばんきょ》した。日本軍はこの基地のことを知らなかったらしい（修船用ドライドックのある豪州東岸ブリスベーンが戦前から有名だった）。

けれども米潜がマカッサル海峡からやって来ることは摑んでおり（開戦直後の初の外洋での米潜撃沈も同海峡だった）、日本軍は、マカッサル海峡と南シナ海を隔てるバラバク海峡に一九四三年三月から機雷を敷設した。

これにじっさいに米潜水艦がひっかかるようになると、米潜艦長は、やむをえずボルネオ島を時計回りに迂回して南シナ海へ入るしかなくなった（そのさいにもスンダ海峡は利用せずロンボク海峡だけを利用している。つまりルソン海峡まで往復するにはたいへんな遠回り）。

マカッサル海峡やバラバク海峡では、米潜水艦も、多数の日本の軍艦や徴用商船を撃沈した。レイテ海戦では栗田（健男）艦隊が、ボルネオの石油補給地からバラバク海峡を抜けてレイテ湾へ向かったところ、先頭で通峡した重巡『愛宕《あたご》』が、待ち伏せ米潜の魚雷で撃沈されている。フィリピンが米軍に奪回されるまで、このバラバク海峡は日米両軍の重要チョークポイントであり続けた。

こんにち、グァム島や豪州から米海軍の原潜が南シナ海へ向かう場合にも、通峡ポイントはバラバク海峡かルソン海峡（バシー海峡はその北半分）になるだろうから、シナ軍としてやるべきことはハッキリしている。そこに機雷を撒くことだ。昔とちがって、いまでは機雷は深さ二〇〇〇メートルの海だろうと仕掛けることが可能である。

二〇一二年四月に、フィリピン海軍とのあいだでシナ密漁船団とシナ武装公船が睨み合いになったスカボロー礁は、このバラバク海峡に近い。

近未来の有事となれば、日本の商船は、こうした戦場の海を避けて、たとえば豪州を大迂回してペルシャ湾やスエズ運河に向かうか、パナマ運河回りを選ぶしかなくなるだろう。

日本国内のいくつかの重要施設には、シナ軍のミサイル空襲があるであろう。

南シナ海と黄海は、どこに何発敷設《ふせつ》されたかもわからぬ無数の機雷のために、最終的に戦後も長期間、海上自衛隊が特別に掃海をした指定航路帯以外は、「危なくて通航できない海」と化すだろう。

それでも浮流機雷等があるから、夜間や悪天時は、どの船も安全は保証されない。日本経済は、他の西側諸国とほぼ同様、しばらく、大陸とは「縁切り」の状態を強いられるはずだ。

このように、太平洋での米支軍事衝突は、日本人にとって、いかなるレベルでも、他人事ではない。ここに本書を執筆して、世人を警醒せんとする所以《ゆえん》である。

I なぜ太平洋の支配権が二強国の争点となるか

出発点は「ニクソン＝毛沢東」の密約

一九七一年末に一人のＣＩＡの職員が、十九年間とらわれていた中共の刑務所から釈放されて、米国の自宅に戻ることができた。

朝鮮戦争中の一九五二年十一月、かれは、一切のマークを抹消したＣ－47輸送機で満州まで飛んだ。シナ軍の後方にあたる地域からスパイをピックアップして、とんぼ返りしてくる予定だったという。ところが、着陸点には中共軍が待ち伏せていた。

奇襲を受けて輸送機は炎上し、正副操縦士と同僚のＣＩＡ職員は死亡した。かれはひとり生き残り、中共の虜囚となった。かれが釈放されるまでの十九年間、米国のかれの家族の面倒はＣＩＡがずっと見ていた――。

以上は実話であって、ＣＩＡの新人職員に対する教育ビデオになっている。

かれが釈放された一九七一年前後、米支間にどんな「手打ち」があったのだろう？

一九六八年の大統領選挙に勝利し、一九六九年から一期目をスタートさせていたリチャード・ミルハウス・ニクソン大統領……。

かれは、来たる一九七二年の選挙で、現職として再選されるための「ダメ押し策」の連打を欲していた（この再選不安心理の危うさは、トックヴィルにより前世紀から指摘されているものだ）。

アメリカ合衆国の経済的・軍事的体力をもってすれば、一方で対ソ核優位を保ちつつ、他方でベトナム戦争を続けていくことは可能であった。そのどちらにも、米国が敗れるなどあり得ない。しかし、インドシナ介入戦争ほど、近来の米国有権者を憂鬱にさせ、苛立たせつつあるイシューもなかった。

有権者は、共和党タカ派のニクソンが「出口」を探してくれることを欲していた。その期待をもし裏切ると、七二年の対立候補から口八丁に攻め立てられて、ニクソン政権は一任期で終わるかもしれぬ。何か「ウルトラＣ」はないものか。

その外交妙案が、すでに一九六九年三月二日、意外な方面から、ささやきかけられていた。中共は、ソ連国境ダマンスキー島で、無謀とも見える実力攻撃を国境警備隊に仕掛けさせ、増援も送らずに、大敗を喫するままにした。これは、ニクソン新政権および米国指導層へのメッセージだった。六八年にチェコに軍事進駐して全欧の憎しみを買っていたソ連と中共とは、いまや敵同士なのですよ——と、公々然と納得してもらうのに、戦争ぐらい疑いの余地のない証拠があろうか。しかも中洲の領有争いなれば、シナ軍が退却すればソ連軍が深追いしてくることもなく紛争は終息する。ニュースだけが米国人の目を醒まさせるであろう。

ニクソンは目を醒ました。

——中共を「対ソ」の臨時盟邦としてとりこむ。さすれば米国は、インドシナの泥沼からも足を抜けるだろうし、対ソ軍備にも余裕が出てくるから、対ソ交渉上もずいぶん優勢になるではないか。

ソ連は、中共が開発中の「東風4」ミサイルが完成すればモスクワまで水爆が届くであろうことから（実際の「東風4」の完成発表は一九八〇年まで遅らされた。理由はいろいろ考えられるが、略す）、一九六九年にはひそかに米国に対して「対支合同核戦争」まで誘いかけていた（米国も一九六七年から将来の中共のＩＣＢＭ＝大陸間弾道弾を迎撃するミサイルの研究に着手しており、対支警戒を怠ったことはない）。

一九七〇年前後の中共は、特に隣国ソ連からの「電撃戦争」（前例として一九二九年十月から十一月にかけ、満州の張学良《ちょうがくりょう》軍を、ブリュッヘルの戦車部隊が一撃蹂躙したことあり）の重圧を感じているはずであり、米支結託の気運は醸成されているとニクソンには信じられた。

こうして米支の予備接触が水面下で始められたのだろうが、毛沢東も「弱者」の立場から米国に助けを乞うつもりはなかった。一九七〇年四月には国産ロケットで中共初の人工衛星（重さ五〇キログラム）を軌道投入し、「対米攻撃可能なＩＣＢＭ製造のポテンシャル」を内外に示している。これでニクソン陣営としても、対支接触の妥当性を国内有権者や政敵に、説明しやすくなったようだった。

一九七一年にニクソンが北京を訪れる前か後かは不明なれど、米支は〈互いに将来の核戦争の対手とならぬ〉ことで、秘密裡に合意をしたのだろう。そのさい、互いに、重大な〈禁止〉事項を、相手に押しつけたと思われる。

ひとつ。中共は十年以内に対米攻撃可能なＩＣＢＭを完成し、その保有も宣伝するけれども、それはあくまで象徴的なものとし、実用の戦力とはしない。より具体的には、サイロ（格納庫）の数は二十くらいに自粛し続け、しかも水爆弾頭は、ふだんは装着せず別に保管する。

ふたつ。米国は日本を、地域スーパーパワーにはさせない。より具体的には、中共は東京に届く原爆ミサイル「東風3」を一九七一年から実戦配備するが、米国はそれを咎《とが》めず、しかも日本の核武装は封じ、のみならず日本本土から米空軍の核攻撃任務飛行部隊をすべて撤収させ、東京から「核の傘」を外す。

この取り引きをニクソンと毛沢東は呑み、それは歴代両国最高指導者にのみ「相伝」されているのだろう。

事情の変化

先哲ヘラクレイトスいわく。「万物は流転す」と。

さしものソ連体制も、一九八九年頃から、誰がどう見ても、ガタガタになったようだった。共産主義エリート専制政治の世界的な人気失墜が、同年の「天安門事件」として飛び火してきた。毛沢東から「密約」をひきついでいた、時の〈君主〉である鄧小平がゆるせなかったのは、米国人も学生の「民主化運動」に喝采を送っていることであった。あやつらの他国へのおせっかいは、つねに一線を超えてくる。かくなる上は、〈もはや乱世だ〉と覚《さと》るのみだった。

「易姓《えきせい》革命」を防ぎとめねばならない。シナでは、いかなる体制転換も、既成特権階級の一斉下獄や財産没収と同義である。不徳な王朝が武力で「放伐《ほうばつ》」されることは、シナでは歴史的に肯定されてきた。新体制が「民主主義」だろうと、カタストロフィーの惨烈度は同じことなのだ。フランス革命はいったい何十万人を殺したか？　鄧小平は青年時代にフランスに留学して承知していた。

米支密約を合理的たらしめてきた「事情」が、根本から変わってしまった。

共産党幹部にとって現体制は、全面核戦争のリスクも含め、すべてを賭してでも維持しなければならぬ枠組みだった。外面がどれほど悪くなっても構うことではない。

しかし、西洋近代人が「公的な約束」を破ることに激しい葛藤を意識するように、シナ人は「密約」を簡単には破れない。密約は、シナ政治そのものだからである。それを軽く破る者は軽く扱われて、小物でおわる。

「冷戦後」を睨み、中共は、一九七一年いらい自主規制をし続けてきた「対米核抑止戦力の構築」を、あらためて目指すことに決めたのかもしれない。ただし、その目標を達成する前に、努力途中で、米国大統領から「1971密約に対する違背じゃないか」と咎められてはならない。うまいごまかしの工夫が必要だった。

ソ連体制が亡びたときに、ソ連共産党幹部の大弾圧が起きなかった様子を、中共は注視していた。

なぜ、ソ連体制が死に瀕しても、米国に後援された周辺国がロシアに攻め込んだり、一部の国内勢力がそれに呼応して全土が血の海となる——といった波瀾は防がれたか。なぜKGB幹部たちはモスクワの黄色い街灯の下にロープでもって吊るされずに済んだか。

その理由は、つきつめれば、ロシアが数百基のICBMによって、いつでも反露陣営の「本尊」たる米国と刺し違えることができるから、であった。

さればこそ、米国の方からロシア人を心配してくれて、ロシアの周辺国をけしかけることなく、逆に控制《こうせい》してくれたのである。中共も是非、このロシアのような、名目的ではなく実効的な「対米核抑止」の立場を獲得しておかなくてはならぬ——と北京では判断できたろう。

それまで慎重に目立たぬように進められていた北京発の対米スパイ工作に拍車がかかり、活動は大胆化した。かつてスターリンのスパイ機関が、対独同盟国たる米国から原爆の秘密をまんまと盗み出した手並みが目標にされた。

キー・テクノロジー「W88」

ＩＣＢＭ級射程の、したがって再突入体にも耐熱構造を付与しなければならず、それだけに、十分な威力を追求すれば小型軽量化が至難となる、高速度弾道ミサイル用の水爆弾頭を、劇的にコンパクトにまとめてしまえる技術を、米国は持っていた。

「W88」弾頭と呼ばれ、それはＴＮＴ爆薬四七万五〇〇〇トン（四七五キロトン）に匹敵する爆発力を発生できるのに、重さはタッタの三六〇キログラム未満、一説では二〇〇キログラムしかない（参考までに、長崎型原爆は一発の自重が四トンもあり、それでありながら、出力はＴＮＴ爆薬換算で二万トン程度に過ぎなかった）。

物をもちあげるパワーの十分な最新世代の戦略級弾道弾、たとえば潜水艦から発射される「トライデントⅡ」ミサイルには、このW88を最多で八個、そしてW88のバリエーションであるW87は、地下サイロから発射するＩＣＢＭ「ピースキーパー」の頭部に十個近くも詰め込んで発射することも可能であった（このピースキーパーは米露条約により全廃された。また米国は現在、トライデント・ミサイル一基あたりに四個までのW88しか載せないことにしている）。

すなわちW88こそは、潜水艦のコンパクトなミサイルから一度に多数投射されるような小さな水爆でありながら、より大型のＩＣＢＭよりも破壊力がでかいという、おそるべき秘密技術の塊なのだ。

米国は、二〇一二年現在の主力ＩＣＢＭである「ミニットマンⅢ」の弾頭として、たった一個のＷ87を、それも出力を三〇〇キロトンに抑制したものを搭載して、ロシアに対していっそうの核軍縮を呼びかけているところである。広いモスクワ市域を破壊してしまうのには、一発の三〇〇キロトン水爆でも十分だと示唆されているのに、Ｗ88の威力は、それを上回る。たぶんニューヨーク市を破壊するのには、とても適していることであろう。

中共は、厳秘であったはずのこのＷ88の核心的な技術情報を、いつの間にか盗み出すことに成功した。そしてソ連邦が公式に崩壊したのちの一九九二年に、米国に対して何事かアピールをするように、軽量水爆弾頭の地下実爆テストをしてみせた。勘の鋭い者は、シナはＷ88のノウハウをいつのまにか盗んでしまったのではないかと疑ったものの、「鉄板の証拠」がなかった。「鉄板の証拠」は一九九五年にＣＩＡが二重スパイを使って手に入れてきたという。やはりシナ人は、アメリカの安全を保障する最高機密のひとつを、盗んでしまったらしかった。

米国はただちに、「包括的核実験禁止条約」（ＣＴＢＴ。一九九六年国連総会採択）をシナに押しつけることで、シナ人がＷ88の完全コピーには至れぬように画策する一方で、技術漏洩の件は当面、ごく限られた米国のセキュリティ（国家安全保障）サークル内だけで承知しておくべきことにされた。

多くの米国指導者層は、中共のスパイ活動の積極化をＣＩＡ等がいくら警報してもなお、「シナ人の対米対抗心」というものについて、半信半疑であった。

遠いアジアについての知識量が絶対的に不足している米国指導層は、シナ人はきっと米国が好きなのにちがいないという、心地好いナルシシズムに数百年来浸《ひた》ってきた。ところがほんとうのところ、シナ人はアメリカ人と対等に共存する気などなくて、心底、中共が米国の上に立って世界の牛耳をとることだけが中共の生存を保証する――と、決心を固めていたのである。

地理が「人性」と「政治風土」を決定する

「対等の他者」など認めていたら権力は決して生き残れない――というのは、シナの独特の地理がはぐくんできた儒教圏の歴史哲学である。

シナの地理は、「主権の割拠」の何世代もの固定をゆるさない。これが西欧とシナの政治気風、法哲学観を、まるっきり異なるものに決定した。

秦の始皇帝以降のことだが、ベトナム以北、そして高粱《コウリヤン》や豆や芋を栽培できる満州以南のシナ本土では、中小国の「割拠」が、長続きせぬ。

シナは、単一権力が全域を統《す》べなければ決して安定できないような地理条件が備わった空間らしい――と、その理由は未解明ながらに仮定をしておけば、春秋時代から国共内戦に至る既往の「王朝交替」の説明に、とりあえず矛盾がない。

主権の割拠が不可能だということは、二つの正義が並び立つことはふつうではない、という世界観を住民のあいだに育てる。強い者がいずれ全域の「正義」を収攬《しゅうらん》する。ならば、いま、他人の権利を尊重しても、むなしいことだ。将来もしその他者が強くなれば、こっちがすべてを奪われる立場に落ちるだけなのだから。

二十世紀初頭、〈地理と政治思想には相関がある〉と、英国自由主義の防衛に責任を自覚する指導者層の立場から説いたハルフォード・ジョン・マッキンダー(Halford John Mackinder)は、西欧の民主主義や近代の由来を、西ローマ帝国の衰亡後(それは「ローマ軍道」の廃道化と同義だった)にヨーロッパ各地に散在した〈要塞都市〉が、自存自衛単位となり得たおかげだ、と考えた。

つまり「金太郎飴式統一」ではなく「割拠的混在」がふつうであるような文明圏でないと、異なった正義と正義を摺り合わせる近代法の慣行も定着しないし、他者の経済的権利を長期的に保証し助長する産業革命も起きない。

シナにも古来、要塞都市はふつうにあった。そもそも「國」という字が要塞都市を表すものだった。しかしヨーロッパと違って、要塞都市が王や皇帝の軍事力に抗して、内部住民が信奉する個性的な正義を長いあいだ防衛できたというためしがない。シナでは広域の統一がふつうで、割拠は異常事態なのである。しからばなぜ、シナでは都市防衛がうまくいかないのかの理由は、未解明だ。

が、その政治地理環境が、文明や社会にもたらした結果はハッキリしている。広いシナの空間には、つねに、そのときどきの、単一の正義しか、存在が許されなかった。だからシナ人の心の中には、「異見」「異文化」との共存の余地もない。

広い地域が次々と単一の専制君主によって支配されるという歴史を反復してきたことで、「支配者が変われば、どうせルールも変わってしまう」「権力者の恣意的なルールの押しつけに対抗して弱者が自衛するには、密かに巧妙に『脱ルール』を謀《はか》るのみ」「どうせ永遠のルールなどないから、尊重しなくてよい」といった精神風土もできあがったのだ。

地理はなかなか「流転」するものではないので、大陸部にできる将来のシナ政府はやはり「民主主義」を拒否するだろうと簡単に予言しておくことができる。

国防コストが高い地理のため、シナ政権にとって「上からの人民統制」は絶対に必要であり、それでも治安コストが高いので、「法治」よりも「人治」が有効になる。すると人民は政府を信用できず、政府もまた人民を信用できない。そんな土地に民主主義が定着すると思うのは、アメリカ人だけなのだ。

秘匿された中間目的＝米国との「核対等」

単独最終覇権を本能的に追求するかれらの歴史地理的な遺伝子に、いまさら変更はないんだという現実を、アメリカ人がうけいれられる心理におちつくまでには、さらなる年月を要した。

しばらくは、米国政府の安全保障サークルの憂国人士の口から、シナ人スパイについての黒い噂だけが、世間にリークされ続けた。ついに米国クリントン政権が、「W88の技術情報をシナ人に盗まれた」とおおっぴらに言うことを許可せざるを得なくなったのが一九九九年。前後して大統領は、シナに対して決して甘くはないんだぞと、政敵その他にみせつけるため、ベオグラードのシナ大使館を「B－2」ステルス爆撃機からのGPS（全地球測位システム）誘導機能付き一トン爆弾により「誤爆」させる。

一九九〇年七月に中共は、一つの宇宙ロケットから二機の衛星を放出している。この技術と小型水爆の技術が結合すれば「複数弾頭核ミサイル」になる。そこで米国政府は同年十月、それまでのようなシナに対する気前のいい民間衛星技術の開示を禁じた。が、もうそのくらいでは遅かったようである。

一九九二年前後には、湾岸戦争での米軍の強さにおそれをなした中共が、やがて来たる対米対決時の手駒となすべく、パキスタンの核ミサイル開発を幇助《ほうじょ》していることが疑いもなくなった。そうした「非大国」への無責任な核拡散を、世界動乱化計画であるとして怒る米国は、天安門事件いらいの対支経済制裁を一段と強化した。

しかし、それも遅すぎた。一九九五年にシナ軍は、車両移動式で、ロシアの全域をシナ南部からでも狙える射程七六〇〇キロメートルの「東風31」を、テスト発射したのだ。重さ七五〇キログラムのその再突入体（水爆弾頭）はW88のコピーであると考えるのが、合理的であった。中共は、この弾頭（単弾頭である）は変えずにロケットの第三段目を大きくして、北米東海岸のニューヨーク市や首都ワシントンまで届くように射程を延伸した「東風31A」も開発させ、二〇一二年までに十二〜十五基を製造し——いちおう密約を軽視もせぬ意思を示すためであろう——一カ所ないし三カ所にまとめて置いてある。大型で旧式で、あまり頑丈でもないサイロに入れられている「東風5」の減耗分があるだろうから、米国心臓部を核攻撃できるICBMは、トータルで三十基（弾頭三十発、ただしふだんは外してある）くらいであろう。

軽くて大威力のW88級の水爆弾頭が実現したればこそ、「車載機動発射式ICBM」は、米国から一目置かれる。たんなる「虚仮《こけ》おどし」を超え、シリアスな意味が生ずるのだ。口約束ではなく、実力による核抑止を達成できるのである。

それはどのようにしてか。

米軍の偵察衛星からは覗《うかが》い得ない、迷路のように掘りめぐらした横穴トンネルに、比較的コンパクトなICBMは簡単に隠し得る。トンネル出口は、複数の谷に複数つくってある。そして、発射するときだけそのどこかの出口から、ICBMを載せたTEL（「運搬&発射台」兼用自動車＝Transporter Erector Launcher vehicle）とその支援車両が走り出てくる。出るやすぐに、あらかじめ座標を精密に測ってある谷間の某地点に駐車。そこでICBMを起立させ、発射してしまう。背中が空《から》となったTELはまたもトンネル内に引っ込み、兵隊たちに、次弾のICBMを装塡してもらう。そしてこんどは別な出口から地表に出て、稜線をひとつふたつ越えた別な谷間の発射点から……。

この「横穴トンネル＋車両」方式のICBMは、偵察衛星から位置も数も丸見えな「硬化サイロ」式配備よりも、米軍の戦略核戦力による「第一撃（芟除的第一撃《さんじょ》）」をしのぎやすい。

さらにもっと重大なメリットがある。中共は、地下の秘密空間において、米国に隠れて予備ICBMをこっそりと増やしていくことが可能なのだ。二十基程度を上限とした、毛沢東のニクソンに対する密約をシナ側から破ることになるので、大車輪で増やしている途中でバレてしまうと、シナ政府最高幹部はたいへん心苦しい。なぜならシナ人は、前述のとおり、密約にこそ安心を覚え、密約を守ることが自己の権力の担保になると信じている。冠絶《かんぜつ》した相対権力を手にする前に密約を守れないと証明されてしまった者は、シナ社会では重みもなくなるのだ。

けれども、対米攻撃可能なICBMの総数が、百基とか二百基にも増えてしまったあとでなら、もはや米国に知られたところで構わぬ。そのときは、かつてのソ連に準ずる「相互確証破壊」の戦略核バランスを、中共は米国とのあいだで確立していることになるのだから。それは絶大な利益だ。いったんその地位さえ手にしたら、米支間の核戦争は、「密約」によってではなしに、「現物」によって抑止されよう。

万物は流転する。密約だって、破られ得る。しかし、現物は誰も反古《ほご》にできない。シナ人としては、より安心のできる話だ。

W88のノウハウは、このようなオプションを、中共指導層に与えるものであった。

さりながら、「多数のICBMさえ保有してしまえば、中共王朝は安泰」などと、北京指導部は単純には考えなかった。かつてのソ連が、歴史の教師だ。対米有事のさいの「相互確証破壊」を担保することは、ロシアやシナにとって国防の必要条件ではあれども、決して十分条件ではあり得ぬ。

米国に公然もしくは半公然に後援された隣国が、通常戦力で攻めかかってきたり、ゲリラを浸透させてきた場合、これを通常戦力や警察力で断乎粉砕できなければ、北京政府は威信を失い、内外に造反勢力が蜂起して、政体を覆されるだけだろう。

周辺国軍隊をひるませ、内外敵対陣営の妄動をあきらめさせるためには、日頃からの自国軍隊の威信も物を言う。たとえば、台湾政府などにデカいツラをさせていては、北京の威信はなくなる。だから台湾に対しては、「いつでも軍隊で占領してやれるんだぞ」という気勢をつねに示しておかねばならない。他の周辺国に対しても、平時からシナ軍を恐れているように仕向けなければ、まずい。

このためW88を手にした中共最高指導部は、続いて、ありとあらゆる先進他国（もちろん筆頭は米国）の通常兵器技術、軍民汎用ハイテク、最新戦術ノウハウの、非合法的探索・窃取に有為人民を動員するとともに、中國人民解放軍に対しても、野心的な課題を次々に投げ与えた。

ＳＬＢＭ（潜水艦発射弾道ミサイル）原潜やステルス攻撃機や空母の建造など、現実的には米国に勝ち目のない分野の努力で米国世論をさわがせてやることは、地下空間でＩＣＢＭの数量をこっそりと十倍、二十倍に増やそうとする極秘作業から、米国人の注意をそらしてやるためには好都合だと言えよう。

自国の軍人たちにいろいろな目標を与え、敵愾心《てきがいしん》を涵養《かんよう》することも、国内の結束を強化するためには有益である。課するハードルは高いほどよい。いつまでも叶《かな》えられない夢（たとえば沖縄やボルネオの領土化）のために、少壮軍人の余ったエネルギーが吸引されてくれれば、政権は安泰だ。少壮軍人のエネルギーが、リアルな国境戦争に向いてしまうと、戦前の日本帝国の自滅過程の再演になってしまう。だから「台湾解放」は呼号しても、そのための必要な渡海手段（数千機の中型プロペラ輸送機や、数千隻の小型高速輸送艇）は、与えようと思えばとっくに買い与えられるのに、ぜったいに軍人の手には持たせない。

米国人のシナ人を見る目の変化

一九九六年、米国クリントン政権は、台湾近海への多数の弾道弾発射で台湾国内の選挙に露骨に干渉しようとした中共の手口が、一九七九年の「台湾関係法」（台湾の将来を暴力的に左右しようとする中共の行為があれば、米国は静観してはいないという警告宣言を含む）に対する挑戦であることが明らかなので、さすがに座視できず、台湾海峡の公海部分に二つの正規空母艦隊を通航せしめて、中共軍を精神的に圧倒し去った。

しかし他方では、一九九四年六月には、原爆を堂々と開発しはじめた北朝鮮を先制空爆すべきではないかという米軍内からの意見具申を、民主党のペリー国防長官（とそのボスの大統領）が斥《しりぞ》けている。米国指導者層は、しだいに「間接侵略」という言葉も想い出せるようになった。

そこで一九九五年に、米国連邦議会は、中共の米国内での工作全般をチェックする「ロビー活動公開法」を制定した（二〇〇六年と〇七年にその一部改正）。

これ以降、米国内でロビー活動を行なう者や、ロビー活動を委託する者は、議会事務局などに「ロビイスト」として登録しなければならなくなった。政府の高官に物を贈ったり、食事をおごったり、旅行の便宜を提供した場合は、特に明細まで報告することが求められた。報告の一切はデータベース化され、インターネットで誰でもチェックできる。

これと、「外国代理人登録法」とにより、ロビイストが米国以外の国の利益のために行動する場合、その全活動はガラス張りに晒《さら》されるのである（といってもイスラエルの活動についてだけはおめこぼしがあるという。もって、同法の取締り対象が那辺《なへん》にあるやも見当がつこう）。

米国内でのスパイ活動は、しばらくは目立たなくするのが得だと感じたか、やがて、西欧方面での中共のスパイ活動にドライブがかかった（北京は、二〇〇三年〜〇四年頃には、米国と日本の「ミサイル防衛」関連技術が気になってもおかしくなかったはずだ。ところがその時期に、日本の「ミサイル防衛」関連の企業や機関に深刻なハッキング等がなされたという話は、いまのところ聞かれない。理由はいろいろ詮索できるけれども、略す）。ドイツ政府が公然とシナ人の産業スパイについて警鐘を鳴らしはじめたのは二〇〇五年前後だった。

同年十一月、韓国在住のシナ人が、カリフォルニア州の空港で逮捕される。男は現金で数百万ドルの紙幣を携えていた。男の正体は人民解放軍の大佐であり、米国内のスパイ細胞を使って、米空軍の単座戦闘攻撃機Ｆ－16のエンジンの技術情報などを盗み出させることに成功をおさめていた。中共は一九九四年から、Ｆ－16の同格戦闘機「Ｊ－10」の開発を決意し、パキスタンからは本物のＦ－16を入手し、イスラエルからは広範な技術の有償協力を仰いでいた（しかし、こうした最新エンジンの設計図をいくら盗むことができても、シナの工業界にはそれを製造できるだけの下地がないという実情については、拙著『日本人が知らない軍事学の常識』をお読みくだされたい）。

二〇〇一年四月、南シナ海の公海上空を飛行していた米軍の電子偵察機「ＥＰ－３」（Ｐ－3Cをベースに改造されているもの）に、Ｊ－８というシナ軍の純国産戦闘機がスクランブルをかけて突っかかってきた。Ｊ－８は、プロペラ機で低速であるＥＰ－３に合わせてジェットエンジンの回転を絞ったことからエンストを起こし、海中に突っ込んでそのパイロットは死亡した。そのさい、機体に接触されたＥＰ－３は、ナチス・ドイツの「Ｕボート・ブンカー」（潜水艦岸壁が分厚い鉄筋コンクリートの洞窟内にあってＢ－17の空爆にも平気だった）に匹敵する原潜基地が建設されるとの噂が高かった海南島《かいなんとう》の飛行場に強行着陸をして、乗員は十一日間監禁された（実機の侵入があったときだけ作動する防空レーダーというものがあり、そのデータを、米軍の電波探知衛星が拾ったはずである）。

冷戦後の米支対立は、民間の野次馬やマスコミに見とがめられるおそれがない海上や空中では一段と露骨であった。それは北京中央が、敢えて末端兵士をけしかけていたからだとしか思えない。かつて、米ソ両軍間には、紳士協定（一九七二年合意）が存在した。たとえば平時に相手機が近くを通っても、互いに艦砲・機銃を指向したりしないことを申し合わせていたのだ。しかし冷戦後のシナ軍の艦艇は、米軍機等に火砲を指向して挑発した。これをやられて善隣友好的な気分になる軍人はいない。すでに九〇年代のうちから、米軍人ならば誰であれ、「シナ軍人どもにはいつか目に物見せてやろう」と、熱烈に期するようになっていたのである。

軍事的合理性の皆無な中共の「ミサイル原潜」

その後の海南島だが、ミサイル原潜の整備情況を米軍の偵察衛星の目から隠すための「トンネル掩蔽埠頭」の工事は二〇〇二年から本格化し、二〇一〇年には原潜基地としての機能が完成したという。

が、海南島を基地とする「ミサイル原潜」くらい意味の不明な装備もない。

これなど、典型的な、〈少壮軍人には達成不能な課題を与えて精力を消尽させ、あわせて米国人の目をシナ奥地の地下秘密ＩＣＢＭ組立ラインからそらせしめ、時間を稼ぐ〉ための、高等な演出かと思われる。

その理由を詮索すれば……。

シナの北西域・ゴビ沙漠からモスクワを核攻撃するためには、射程四〇〇〇キロメートルの水爆ミサイル（中距離核ミサイル）があればよかった。中距離弾道弾の寸法なら、平時に山地の横穴などにも隠しておきやすい。この報復手段があるだけで、ソ連から北京に対する核攻撃はまず抑止されるはずであった。

もしもソ連（ロシア）が、シナ軍の対ソ核戦力を、モンゴルからの地上部隊の侵攻によって覆滅《ふくめつ》しようと企図するのであったら（じっさい一九六六年にはその態勢をとった）、シナ軍としては、地上配備型の中距離水爆ミサイルだけでは自国の安全保障はおぼつかないと感じて、報復用の第二撃分を海中にも温存すべく、シナ沿岸からモスクワを攻撃できるような長射程のＳＬＢＭとその発射プラットフォームの原潜も整備して、安心を得ようとするのは一案たり得ただろう。

しかし中共のロケット技術は遅れていた。潜水艦から発射できるサイズにまとめると、その水爆ミサイルは、一九八〇年代でも、せいぜい二〇〇〇キロメートル強しか飛翔してくれなかった。これではモスクワ攻撃どころではない。モスクワに届かなければ、対ソの核抑止力にはならない（ソ連は冷戦期に、国境外から飛来するＩＣＢＭやＳＬＢＭを探知できる大型警戒レーダー基地を複数建設したが、配置パターンはモスクワ市だけを一点集中的に守ろうとする意図が明瞭であって、シベリア東部などは、日本海側からのを含む核ミサイル奇襲に対して、事実上、ガラ空きに放置というありさまだった）。

中共が、対露核抑止を確実にしたければ、むしろふつうの地上発射式の中距離核ミサイル（「東風４」）を数的・質的に増強した方が合理的なのである。

もうひとつのシナのライバル国・インドの核ミサイルも、戦略兵器としては未熟なもので、インドは二〇一二年時点においても、実用的な核ミサイルは持っていないと考えてよいほどである。以前から、インド軍の核戦争演習（対パキスタンを想定）では、戦闘機からの特殊な投弾法だけが演練されている。核弾頭装着を想定した実戦的なミサイル発射訓練は、なされていない。よってシナ軍には、わざわざＳＬＢＭ原潜でインドに対する核抑止を工夫せねばならぬ事情もない。

ただし、いろいろな実験研究には、将来の国家オプションを増やし、周辺国のとつぜんの脅威化に対する保険をかけておくという長期的な意義もあろう。それで一九七〇年代から中共は、原潜の技術研究を細々と続けていた。

ソ連が消滅して米支対立が尖鋭化すると、中共は、米国を脅すカードとして、未完成状態である一〜二隻のＳＬＢＭ原潜も役立てたほうがよいかもしれぬと思いはじめた。

これが「未完成」だったのは、ミサイルの射程の短さや、原潜そのものの故障の多さ、それからＳＬＢＭ原潜を支援する衛星システムや全地球的通信システムの未整備といった技術問題ももちろん大きいのだけれども、その以前に、「核兵器の発射を、中共中央の監視が及びそうにない遠い海中の一人の艦長に半年近くも委ねてしまう」という政治的なリスクを、中共という政体には、とうてい冒すことが不可能なのである。

中共が、海南島の海軍基地を鋭意拡張するなどして、ＳＬＢＭ原潜でも米国を脅威する意志を広宣したことは、確かに米国を刺激したが、米国は軍事的に急に困ったことになったとは思わなかった。なぜなら、米国の権力中枢は、ロサンゼルス沖からだと四一〇〇キロメートル東の経済的首都ニューヨーク市や、同じく四〇〇〇キロメートル東の政治首都ワシントン市に厳然としてあるので、西海岸のカリフォルニア州にはないからだ。

ニューヨークに次ぐ大都市は中西部のシカゴだ。東海岸の大都市部か、シカゴ市で水爆が炸裂した場合には、米国は、人的・経済的にしのびがたい打撃を蒙るだろう（シカゴの場合、放射能が東海岸まで拡散する可能性が大きいため）。しかし、西海岸のシアトル市、サンフランシスコ市、ロサンゼルス市、サンディエゴ軍港等が核攻撃されても、アメリカは「致命傷」は負わない。

もちろんその被害は「米国史始まっていらいの規模」（メキシコ人とシナ系住民も高率で含まれる）と言われようけれども、アメリカ政府は、大混乱はしない。そうして、その直後の対支報復は、パールハーバーから東京大空襲までの流れを思い出せばわかる如く、遠慮会釈のない全面的なものとなろう。中共は、ICBM基地も、戦術核弾頭の貯蔵所も、「外科手術」的な米軍からの核攻撃によって、一夜にして灰にされ、クラウゼヴィッツの言う「武装解除」状態に陥れられる。その過程で、爆発と放射性降灰による副次的な民間被害は、必然的に、米国人の死傷者以上となっているだろう。

米支の海軍の実力差を客観的に比べ見れば、有事（米支開戦後）にシナ原潜がハワイ近海まで進出（そこからロサンゼルスまで四三〇〇キロメートルだが、ニューヨーク市までは八〇〇〇キロメートルもあって、米軍の「トライデントII」というSLBMがようやく届くぐらいの遠さ。シナ軍は「トライデントII」の同格品をもっていない）することはおろか、ハワイにSLBMが届きそうな海域（おそらく日付変更線あたり）までも無事に遠征できそうな可能性は、限りなくゼロに近い。十中八九、即日に撃沈されるだけだ。米海軍の潜水艦隊は、仮想敵国の原潜に平時から尾行をつけているのである。

SLBM原潜による、技術的にも政治的にもできもしない対米核抑止を追求し喧伝《けんでん》したことによって、中共が政治的に得たメリットは、ほとんどないように見えた。それどころか、「シナ人は、ほんとうは、敵も知らず己《おのれ》も知らない、おそろしく頭の悪い連中なのではないか」との辛辣《しんらつ》な疑問すら、世界の軍事関係者に抱かせた。

だが真相はすでに述べたとおりなのではあるまいか。中共中央は、SLBMに注目を集めることで、米国人の目を真の「奇襲」からはそらそうとし、シナ軍人には、けっして無意義ではない「目標意識」も与えた。

真の奇襲とは、「トンネル＋車載機動式」のICBMを数百発、地下工場でいつのまにか組み立て、ある日を境に「ニクソン＝毛」密約を破棄するという、政治的な奇襲である。

「不透明」であることの強み

中共が米国の対支戦争を抑止するいちばん合理的で現実的な手段は、シナ奥地の沙漠や山岳から、ニューヨーク市、首都ワシントン市にまで届くICBMの増勢である。これは経済的にも技術的にも難しいことが何もない。特にW88の秘密を窃取しおおせたあとでは、容易となった。

オーソドックスな硬化サイロでは、米軍やロシア軍の戦略核による「先制第一撃」で破壊されてしまう可能性が大きい。位置がさいしょからバレているからだ。

しかし、僻地の大山脈の下に深く掘りめぐらした横穴トンネルと、多数分岐した谷間の出口、そして大深度地下の予備核ミサイル貯蔵施設と、TEL（「運搬&発射台」兼用自動車）を組み合せたシステムならば、苦労してSLBMをもつ以上に頼りになる「第二撃分」となるのだ。その、TEL式の機動ICBMの実用性を担保してくれるのが、軽量コンパクトにして威力十分な水爆W88弾頭の技術であった。

現況はどうか。

中共政府は、自国の核兵器の統計数値を一切、公表していない。

しかし今日では、各国の偵察衛星や、「準・偵察衛星」が増えてきた結果、ある程度の情報は流布する。

英国の研究機関等の試算だと、いつでも米国東海岸を攻撃できる中共軍のICBMは、地下倉庫内の予備としては最大七十基くらいもあり得るが、サイロの総数は新旧ぜんぶあわせて二十数カ所らしい。そのサイロのうち、いくつが「アクティヴ」な状態なのかは、サイロに蓋がされている以上、高空からの衛星写真だけでは判然としないが、二〇〇七年に米国防総省は、

「『東風5』は十八基しかない」と見積もった。米露のあいだでは、サイロの相互地上査察も制度化されているけれども、中共政府は、そうした地上査察を、どの外国政府に対しても許したことはない。

ただ、これまでの「試射」や「実験」から、中共のICBMの「実力」のほどは、米露にはよくわかっていることだろう。水爆弾頭は、「複数弾頭化した」という国際宣伝とは裏腹に、いまだに単弾頭である蓋然性が高い。「多弾頭化しない」という米支密約すら、あったかもしれぬ。

米国のICBMは、大統領による命令から十五分で飛び出すようになっている。けれども、シナ軍のICBMは、党中央による発射の決意から、最低でも一日はかかるはずだ。なぜなら、ふだん、すべてのICBMの弾頭は取り外されていて、一括して、陝西省《せんせい》の山地の地下倉庫に厳重保管されているからである。

また中共は、ロシアが大昔から整備している、米国の弾道ミサイル攻撃を早期警報する大規模レーダー網を、有していない。敵の核攻撃が始まったと確信できたら、その弾頭の大多数が着弾してしまう前に、こっちのICBMを発射してしまう「プロンプト・ローンチ」は無用である、と、中共中央が判断していることを、これほどよくあかし立てる証拠もないだろう。

中共は、表向き、一九七一年の「ニクソン＝毛」密約を遵守しているのである。

戦後ながらく、東京都下・ヨコタ空軍基地には、核攻撃任務機（最後の機種はF－4。その前はＦ－１０５Ｄ）が駐留していた。が、一九七一年五月までに、その飛行部隊は、日本国民への特別な釈明なしに、ヨコタを引き払った（同年三月には三沢の米空軍のＦ－４部隊も韓国へ去った）。翌七二年には、それまで沖縄にあった米空軍の核弾頭保管施設から、すべての核弾頭部品が撤去され、これによって日本国内のすべての飛行場は、中共に対する、すくなくとも核空襲の第一波には関与しないこととなった。

いらい、米支は、こと戦略核競争に関しては「プロレス」を続けてきた。

シナ人は公的条約よりも「密約」をよろこび、大いに尊重する。米国人はシナ人に気に入られたいものだから、その反ウィルソン的（第二十八代大統領ウッドロー・ウィルソンは、第一次大戦後、秘密条約は禁止しようではないかと世界によびかけた）な精神にあわせようと努めているのだろう。

シナ軍のたった二十基前後のＩＣＢＭは、いかに頑丈なサイロに収納してあっても、米軍が近海の潜水艦から発射するＳＬＢＭの素早い一撃で麻痺させられ、続いて米本土から飛来する正確無比なＩＣＢＭの連打で確実に除去され得る数量でしかない。その二十基は、だから米国と刺し違えるためにあるのではない。シナ大衆の士気と団結を高め、第三国に対してシナの地位を誇示するための、象徴として機能させられているわけだ。

米国に対してＩＣＢＭ競争を挑むことは、一九七一年いらいの中共最高指導部の遺戒によって禁じられていた。鄧小平も〈われわれが真に実力をつけて立場が強くなるまでは、われわれの爪牙《そうが》を西側に見せずに韜晦《とうかい》し続けろ〉と念を押した。

中共軍の少壮層としては、米国と思い切り競争したくてたまらないのに、これでは精力が余ってしまう。そこで中共政府は、彼らにエネルギーの捌《は》け口《ぐち》を与えることにした。どう見ても有望ではないSLBMなどに、若手エリート軍人たちの精力をもっぱら消費させているのだ。

その間、軍と政府の最高幹部は、ひそかに、地下に分散した工場で、「トンネル＋TEL」機動式のICBMの増産を進めているのだろう。

韜晦を確実にするために、中共幹部は、さらに「（外見だけ）空母」や「（外見だけ）ステルス機」といった、リアル戦争では役立たずに終わると予測できるオモチャの数々も、軍人たちに投げ与えている。軍人たちは、「それによってどんどん米軍を刺激しなさい」とも推奨をされている。「技術情報収集活動」も、それに伴っている。

開き直っている「スパイ活動」

二〇〇六年十月には、南シナ海において米空母『キティ・ホーク』にシナ海軍の潜水艦があからさまに敵対的な異常接近をしていたと、米海軍の口からマスコミにリークされている。もし、米支戦争というものが、海上から始まるとすれば、それは米空母に対する攻撃から始まるであろう。

しかし世界の海軍関係者にとっては常識であることとして、米海軍の空母艦隊が、平時であろうと、公海にてシナ軍の潜水艦にまんまと近寄られるなどということは、米軍側で敢えてその事態を望んだのでない限りは、あり得ぬ話なのだ。おそらく米海軍は、『空母』を餌《えさ》としてシナ軍の前にわざと曝《さら》し（それにはシナ本土沿岸近くの公海を通航させるほかに、佐世保などシナから近間の港に堂々と繋留しておくという手もある）、シナ軍からの先制攻撃を誘うという「挑発」オプションを視野に入れて、シナ潜水艦が沈底して待っているという事前情報のあった地点をわざと航海させたのだろう。

囮《おとり》空母などに対してシナ海軍が攻撃行動を仕掛ければ、一九六四年八月の「トンキン湾事件」（米駆逐艦が北ベトナムの沖合にて、魚雷艇が攻撃してくるようなレーダー反応を得たので、それを口実に大統領が命令を下し、米軍が北ベトナム軍港を猛爆）の再演となることは、シナ人にはよくわかっているだろう。

どうやらその後の様子を見るに、中共中央としては、偶発開戦を避けるため、平時のEEZ内での米軍艦へのイヤガラセは、シナ海軍の軍艦ではなくて「海監」（コーストガード）等の公船や、漁船（「漁政」管轄下。こうしたオフィシャル機関については第Ⅲ章を見よ）等、非軍艦をしてなさしめることに決したように思われる（たとえば南シナ海における二〇〇九年三月の米艦『インペカブル』に対するシナ船の妨害行動。こうした非軍艦を使った米艦船へのイヤガラセは、早くは二〇〇一年と〇二年に東シナ海で見られていた）。

二〇〇七年には、米本土において、シナ人スパイや、シナ系スパイの逮捕が相次いだ。シナ人たちは、米国内の軍事技術や、最先端ハイテクに関する資料を貪欲に収集してシナ本国へ送っていた。

二〇〇七年の捜査では、一件の悪質なスパイ活動が明らかにされた。

大手軍需メーカーであるノースロップ社のエンジニアで、一九八八年にデビューする「B－2」ステルス爆撃機のエンジンの開発にかかわっていたインド生まれの米国人が、シナ工作員から一本釣りされていたのだ。ノースロップ社がグラマン社と合併をする一九八六年にその社員は退職し、二〇〇三年からシナへ旅行しては、現地で、「赤外線の輻射《ふくしゃ》が少なくステルス性の高い巡航ミサイルのエンジンのノズル」を設計してやっていたことが、わかっている。

元社員は一九九九年にハワイ州のマウイ島に引っ越し、北浜にオーシャンビューの自邸を建て、毎月一万五千ドルのローンを支払っていた。そして逮捕後に判明したところでは、元社員はシナ人から百十万ドル以上も受け取っていたという。裁判は二〇一一年に結審して、元社員は懲役三十二年を言い渡された。

二〇〇六年には、ボーイング社で四十年間も働いていながら、スペースシャトル、「デルタⅣ」宇宙ロケット、F－15戦闘機などの秘密資料を、片端からシナへ渡していたシナ生まれの米国籍技師が逮捕されており、二〇一〇年三月に懲役十五年の判決が確定する（さすがに米国政府の悪感情を気にしたか、胡錦濤は二〇一〇年十月の訪米に際しては、ボーイング社の旅客機×三百機の輸入を、オバマ大統領への手土産とせねばならなかった）。

ちなみに一九九九年に中共が輸入している双発旅客機「ボーイング737－800」の何機かは、軍用目的への転用を売買契約で禁じられていたにもかかわらず、堂々とシナ軍の「早期警戒機」（空飛ぶレーダー）に改造されてしまっている。

二〇一〇年にはミシガン州の米国人が訴追され、シナのスパイから七万ドルを受け取っていたと認めた。この被告は大卒の無職で、シナに留学していた二〇〇四年に、シナ軍将校から上海の新聞広告で一本釣りされたという。シナ軍は、この男に米国政府の外交官試験を受けさせて、国務省かCIAに潜り込ませようと考えた。そのため、アルバイトをせずに受験勉強に打ち込めるよう、生活費を（用心深く、必ずシナ国内で）手渡ししていたのだったが、男は期待には応えられず、不合格が続いた。CIAではこの男の渡航記録などから素性を怪しみ、二〇〇七年にわざと職員に採用してやり、どうでもよい仕事を与えて監視を続けていた。この男は、祖国に致命的な損失を与える前に、罰せられることとなった。

二〇一二年四月に英国紙上に公表されたところによれば、二〇〇九年に中共のハッカー戦隊がBAE社（英国本社）のサーバーにまんまと潜入してスパイウェアを植え込み、十八カ月間もまったく気づかれることなく、米国と共同開発中のF－35戦闘機の設計データを転送しまくっていたという。

手口は、比較的にありふれた「スピア・フィッシング（spear-phishing）」で、送られてきた偽メールに添付されていたファイル（よくあるのはPDFファイルだとされるが、このケースでは不詳)を、ひとりの社員がうかつにも開いたことから、ウィルスがシステムに侵入した。官庁や企業の人事異動の直後だと、もっともらしいタイトルがつけられたメールの真贋は、即断しがたい。敵はそこを衝《つ》いてくる。

二〇一一年にFBIが逮捕したシナ人は、合法的な在米労働者で、米軍のための航法システムを製造する会社の技師だった。しかし上司にも黙ってひそかにシナに帰って、スパイの仕事をシナ政府から請け負って、舞い戻ってきたのである。

こうした、中共を黒幕とするスパイ事件は、米国でニュースとなった分だけでも、列挙すればページがいくらあっても足りぬほどだ。おかげで、いまや、シナ人がお友達だと思っているようなお目出度い米国人は、稀になった。

南シナ海の角逐――悪いことをする奴は、それを騒がれたくはない

南シナ海では、米支の角逐は、米ソ冷戦の終了直後から始まっている。

「ナンバー2の非脅威化」を欲する米国は、その目的のためには、シナ全域を「近代圏」(近代西洋ルールが通用する地域)に変えるのが好都合であるとも信じている。

そのゴールに到達するためには、シナがエネルギー自給できないという弱点を、最大限に利用するつもりだろう。中共が必要とするエネルギーの過半は、南シナ海を船によって運ばれてくる。

かたや中共指導部は、シナの「近代圏化」は、中国共産党の存続そのものと相容れぬ話であると、正確に判定している。そして当面のシナの弱点が、エネルギー輸入の不安にあることもよく自認している。

エネルギー面での安全保障は、シナがボルネオ（かつて元《げん》軍が上陸浸透したことがある。元軍やイスラム教徒だった明国《みんこく》商人が足跡を残した場所ならば、すべてこんにちのシナ政府に所有権があるはずだと、現代シナ人は自己本位に思考する）の優良油田を支配しないかぎりは得られないが、それがために焦って米英軍（英軍はブルネイに守備隊を派している）と自殺的な戦争に突入するほど、かれらは愚かでもない。

軍備を着々と増強して、威圧と懐柔を織り交ぜて、スプラトリー（南沙）群島から漸進的に北京の実質的な支配域を広げていく長期戦略が、とりあえず合理的だと廟算《びょうさん》（『孫子』の説く、侵略実行前の成否検討）を済ませているのである。

しかし、いまは劣位を自覚するシナ軍が、もし「対米必勝」の分野を見つけてしまうと、風向きは急変するかもしれない。その分野こそ、「サイバー戦争」であるが、これは次章で後述しよう。

そもそもシナ人たるもの、いきなり敵中のいちばん強い者にぶつかっていって国際的な大騒ぎをひきおこし、みずから抜き差しならぬ窮境にはまりこんで炎上して、赤っ恥をかいて引き退がるような馬鹿なリスクは冒すものではない。

――〈自然の水は、何も考えないで地面のいちばん低いところを選び、そこを占領してしまう。遠征戦争もそんな水流と同じように、最弱の相手の無防備な場所をみつけ、そこを誰も騒ぎ出さぬうちに奪ってしまうのが悧巧《りこう》なのだ〉と、『孫子』いらいの領土拡張の手際は、洗練されており老獪そのもの。

だから逆に、シナ人が何か無法を働きかけてきたならば、当事者となった政府の主要閣僚以下、大騒ぎをして、軍隊は発砲し、国際世論には派手に訴え続け、警察は逮捕し、司法は刑罰を適正に言い渡して、北京からの裏表の圧力には一歩もひかずに対抗し続けるのが、至って安全な態度となるのである。そのような反応を示すことがあらかじめ間違いないと知れわたっているような隣国なら、シナ軍とて手出しをためらわざるを得ないのだ。

これはシナ人の習性で、日本人を除く、シナに近接したすべての民族はたいがい了知していることだ。

軍隊の野戦行軍には、必ず少人数の偵察隊が先行する。軍隊の野営では、外縁に少数の歩哨が立つ。これを、「少人数だから大軍相手には無意味だ」と言う者は、なべて生命維持の活動において「集中」と「分散」の両方に資源を按分するしかない世界の現実を悟ろうとしない、お子様であろう。

国境の無人島にも、たとい小部隊でも監視哨を配していれば、そこをシナ軍としては、騒がれずに奪ってしまえるだろうとは期待し得なくなる。なぜなら、守備隊の射撃によって「自衛戦闘」が簡単確実に発生するからだ。それだけで、事件は無限に大きくなり始める。守備隊の人数は問題ではない。侵略した側が、確かに侵略者であるという外見が付与されることは、被侵略国に反撃の正当性を与え、それに味方する大国・強国が堂々と気儘なオプションを手にする（集団的自衛）。それが北京を悩ませ、軽々な侵略実行をためらわせるのだ。

少人数の守備隊を、実弾を使って全滅させ制圧したシナ軍は、自動的に国際法上の侵略者となるしかない。自動的に、もはや内輪（二国間）で揉み消しなどできない上位ステージに問題が移行するのだ。撤退すれば人民解放軍は面子《メンツ》を喪失する。それは政権を国内的に不人気にする。特定指導者にとっては、破局の匂いが漂う。撤退し得ないとすれば、敵陣営との不利な戦争拡大だ。それはシナの大敗に接続する道かもしれない。北京にとって「おとしどころ」が読めなくなってしまう。

国際的な大騒ぎというものは、まかりまちがえば、中共体制そのものを終焉させるきっかけにもなる。権力者は、先が読めない混乱は好かない。

ずうずうしい犯罪行為を、二国間だけの問題にとどめようとたくらみ、弱い相手国の泣き寝入りにもちこむべく画策し、それを次なる侵略ステップのスタートラインに定めんと隙をうかがうのは、「特権」こそがアプリオリに正しいと思考する儒教国の常套的なやり口である。

だから受けて立つ側は、つねに近代国家群の側に所属するスタンスを堅持し、決して事件をうやむやには終わらせず、内済にもしないという覚悟こそが、堅確に身を守るのである。

覚醒した米国政府はシナ封じのために各国をテコ入れ中

絶東の南シナ海方面では、シナの最弱の敵としてはフィリピンとベトナムがある。この二国は、本土防衛以外に割き得る軍事予算がきわめて僅かなのに対し、守るべき無人島や離島は数百も散在していて多きに過ぎ、そのほとんどに、守備隊や警備隊を置くことができない。海軍力で勝るシナ軍は、やりたい放題だ。

東シナ海方面には、尖閣諸島や沖ノ鳥島など辺境島嶼《とうしょ》をあえて無防備にしておいて、そこにシナ人が侵犯を試みても、いたって都合よく騒がずに冷静に事件を収め、目立たぬ抗議声明だけで様子を見守り続けてくれる意気地のない使いっ走り候補生、日本がある。

東シナ海と南シナ海に挟まれる台湾国は、小型潜水艇や自走機雷といった、自国内の工業インフラでも数十年前から製造が可能だった兵器システムに、なにゆえか、まったく投資をしていない。スウェーデンには深度百メートルまで行ける潜航艇を個人で造っているような趣味人がいるし、二〇一〇年にはコロンビアの麻薬カルテルが、コカイン七トンを積んで深度一六メートルまで潜航できる五人乗りの全没艇を「木骨＋FRPパネル張り」で製造している。

後者は一九七〇年代末の米国の遊覧用潜航艇を参考にして、ジャングルの河辺のガレージでこしらえたもので、必要に応じて電池で完全潜航できるほか、シュノーケル深度では空気を取り入れつつディーゼルエンジンを回し、水上レーダーに探知されないような低速で北米にコカインを送り届けられるという。

れっきとした造船所複数を有する台湾にそれら以上のものがつくれぬわけがないのだが、台湾の指導層は、中共軍による強襲渡洋上陸作戦など起きない（起きても米軍が阻止してくれる）と確信しているのだ。

北京と台北は、どちらも、相手の政権が転覆しさえすれば、じぶんたちの軍隊による無血進駐（そのさい、敵国軍は寝返る）が可能になるのだと夢想をしている。国共内戦時代のノリそのものだが、それはこの両国間では、リアリティがあるようだ。

さらに南寄りには、中共の台頭に備えて何をしなければならないかは政府としてよくわかっているのに、人口と財政の国力基盤の不足をかこち、しかも国民感情が米軍の国内常駐を好意的に見ない、豪州のような国もある。

シナは敵の陣営のうち、反撃力がいちばん微弱そうな相手をいじめて脱落させ、自陣にとりこんで支配しようと物色する。しかし「帝国歴」が長い米国指導層は、そんな敵性帝国のやり口を学習することにも、それほど苦労はしない。

米国は、弱い輪である絶東の同盟国や準同盟国にいろいろと助言したり後援したりすることで、北京の「従来式の侵略」のチャンスを封じようとしているところである。

ベトナムは一九七九年には、中共からあからさまな侵略戦争を仕掛けられた。直前に鄧小平から米国政府に対して根回しがあったために、ベトナムの窮地は国際的にも捨て置かれた格好となった。それでもベトナム軍は果敢に抗戦し、シナ軍を傷だらけの姿でシナ国境まで退散させている。ベトナムには「対支カード」としての大きなポテンシャルがあることが、立証されたわけだ。

ただし、ベトナム戦争前後の米越のいきがかりがある。それは水に流すにはあまりに深く痛む傷なので、米越どちらの側も、表立っては「同盟」などとは口にはできない。

がしかし、米国は、いまやその正規空母をベトナム海軍の演習に参加させるなど、有事には公然とベトナムの味方をする姿勢を隠さなくなった。それだけで、北京としては一九七九年のような都合のよい戦争は二度とできなくなってしまったのである。

手近なベトナムを叩けないとなると、次に鴨として狙われるのはフィリピンだ。

フィリピンは、同国に近いスプラトリー群島とその接続水域の帰属をめぐって幾度もルール無用の中共の暴力にさらされてきた。そしてそのつど、単独では「自衛反撃」の意志さえないかのようだった。

戦前のフィリピン人は、外国の支配者に激しく抵抗する気概をもっていた。世界一周航海の達成目前にマゼランを斃《たお》したのもフィリピン原住民であった。反スペインの意志からカトリック改宗を拒み続けたモロ族は、プロテスタントの米国人にも激しく抵抗している。

が、その牙をすっかり抜かれたあとに米国から独立を投げ与えられた戦後のフィリピン人（スペイン植民地時代いらいの名家が中心だった）には、いまだにまともな国軍も育てられない。国軍の下地となるべき何かが、ロボトミー手術のように、米国統治者の手で奪い去られてしまったかのようである。

さりながらアメリカは、フィリピンに「防衛力の真空」が生ずることを放置はできぬ。なんとならば、シナ大陸から見てスプラトリーの先にあるフィリピン南部の島嶼、たとえばパラワン島は、絶東諸国の垂涎の的たる原油黄金郷・ボルネオ島北部への絶好の跳躍台だからだ。そのパラワン島じたいも油井の島である上に、島民もイスラム教徒で、カトリック色の強いマニラ政府とはしっくりいっていないという、「分離独立工作」（間接侵略のひとつ）にはおあつらえむきの隙が見出せる。

だからもし米軍がフィリピンを護衛してやるのでなければ、マレーシア軍や台湾軍にすら、フィリピン諸島を占領するのは易々たるものであろう。米国は、あぶく銭を産む油田が諸国政府を暴走させ世界を大混乱させる魔力を、世界の誰よりもよく承知しているがゆえに、到底これを放置することなどできないのだ。

二〇一〇年六月にフィリピン大統領に選ばれたベニグノ・アキノ三世（実母は一九九二年まで大統領だったコーリー・アキノ）は、同国内に、古くからのイスラム・ゲリラだけでなく、北京から使嗾《しそう》された「共産ゲリラ」が暗躍している兆しを看過せず、GDPの二パーセントである国防費を倍増せんとし、米国（米軍）との関係を強化しつつある。いまや、「台湾有事」には米軍がフィリピン国内の基地から自由に作戦できるであろうことが確実である。中共がフィリピン政府を苦々しく思うのも当然だろう。

他方、東シナ海と豪州方面には、有望な油田（あくまで原油が貴重であって、天然ガスは二の次）がいっこうに発見されないため、シナ政府としては、リスクを冒して領土を獲りにいこうという動機を、南シナ海方面ほどには抱かない。

しかしシナ人には日清戦争の大敗以来、同じ東洋人である日本人に対する抜きがたい嫉妬心があるので、日本国をへこますための安全・安価・有利な政治オプションがもし目の前にあるという情況になれば、必ずやそれを採用し、快を叫ばんとするであろう。

フィリピンのクラーク基地の廃用後、絶東最大の米空軍基地は、沖縄県の嘉手納《かでな》にある。那覇基地の航空自衛隊・海上自衛隊（P－3C。対艦ミサイルを四発も吊下《ちょうか》できる）とともに、東シナ海は空から見張られている。有事にはシナ軍の艦船は、とても黄海に出入りすることはできなくなるであろう。米空軍に挑戦できる力量は、シナ軍にはない。そこで必然的に彼らは、日本政府や日本の政党、沖縄の自治体に対する「間接侵略」工作に、活路を求めねばならぬこととなった。

沖縄と九州のすべての飛行場を米軍が利用できなくなるような政治的環境が日本の中に出来上がれば、黄海のシナ海軍を頭から押さえつけていた米空軍の対支重圧は外れる。驥足《きそく》をのばしたシナ軍の海上プレゼンスをテコにして、いよいよこんどは沖縄県に分離独立を唆《そそのか》す干渉が可能になる。それを指向した工作活動の成果は、日々、新聞やテレビ報道によって伝えられるわが国の政治家の発言の中にあらわれているから、ここでいちいち例示する必要はないであろう。

中共による豪州への間接侵略も、日本と並行して試みられた様子だが、その後、米国が「オイ、しっかりしろよ」と豪州指導者層の背中をどやしつけたものか、最近では北京に対して宥和的な発言をする豪州政治家はかげをひそめた。日本や沖縄の現状は、この豪州とはずいぶん違っている。

II 米支開戦までの流れを占う

自業自得の「修好通商忌避」がシナを追いつめる

二〇〇七年の米国クリスマス商戦で流行した合言葉は「チャイナ・フリー（中国製はございません）」だった。

――メイド・イン・チャイナの輸入玩具には、子供にとってどんな有害な化学物質が使われているかまったく知れたものではない。やっつけ仕事な絵柄やチープな電子ノイズは情操にマイナスである。安全に特別配意するデザイン指針もないらしくて危険である。安心して誰かに贈呈できるようなものではない――といった「悪かろう」イメージがクチコミで伝播し、オモチャ売り場以外のギフト商品でも、シナ製といえば嫌忌されるようになったものだ。

輸入された粉ミルクやペットフードに有毒物質が混入していたという騒ぎが、米国においてはシナ製品の評価を一夜にして反転させたのだったが、日本でも二〇〇八年に「毒餃子」事件が表沙汰にされている。

二〇一一年十一月には、マケイン上院議員らの議会有志グループが、米軍のハイテク武器中に組み込まれている電子部品の中に千八百個のシナ製の「まがいもの」チップが実際に発見されたことと、その比率を当てはめるならば、米軍全体では百万個の信頼性が疑わしい偽部品が使われているおそれがあるという調査結果を公表した。

チップに刻印されている型番やシリアルナンバーも、すべて偽造されている。だから外見ではほとんど真贋判定が不可能。納品業者が添えている証明書も捏造品《ねつぞうひん》で、製造地の記載なども当然不実。これにより、信頼できると思っていた米軍のハイテク兵器が、肝腎の実戦で作動不良を起こしてしまうのではないかというリスクは、金銭に換算できないくらいに大きいだろう。

シナ人のネガティヴな「ソフト・パワー」の真骨頂がみせつけられた。社会慣行そのものが「武器」になっているようだ。

米国人が中南米へのシナ勢力の扶植をよろこばないように、欧州人はアフリカへのシナ勢力の拡張を嫌っている。二〇一二年一月に英国BBC放送は、シナ製の「贋《にせ》マラリア治療薬」が、シナ海軍の病院船の立ち回り先のアフリカ各地で大量に出回っていることを報道し、いっけん患者の症状を軽くするかのように錯覚をさせるが、マラリア原虫を駆除する働きがゼロのこの偽ぐすりのおかげで、現在のところ唯一有効である「アルテミシニン（artemisinin）」という特効成分に対し、マラリア原虫が耐性を獲得してしまうであろうと警鐘を鳴らしている。

　アフリカ市場でのシナ製偽ぐすりと本物の薬の流通量比は「二対八」ぐらいらしいが、これは、同一患者が、真に効く薬と効かない薬をまぜこぜに服用する確率の高さを意味する。結果として、患者の体内でマラリア原虫は「トドメ」を刺されにくくなる。ついには「アルテミシニン」にへこたれないマラリア病原体が増殖してしまうだろう。さなきだにこの偽ぐすりは、HIV治療薬の抗レトロウィルス剤と併用したりすれば、おそるべき副作用を生ずるのだ。

　ベトナムからミャンマーにかけての東南アジアでは、密造地に近いせいか、シナ製の偽マラリア治療薬の混在率は、アフリカよりもいっそう高いという事実もその後判明している。

　マラリアはいまでも、世界じゅうで八十万人以上を毎年コンスタントに斃《たお》し続けている、人類の脅威だ。かつては西欧や日本や北米にもマラリア流行地がふつうに見られた。熱帯でなくとも、公衆衛生が悪ければ、あるいは強力な病原虫が出現すれば、マラリアは全世界に蔓延し得る。シナ人のせいで新型のタフなマラリアがつくりだされることによる人類の損害は、天文学的に大きい。

　シナ政府が米国への敵意を堅持し、サイバー窃盗犯罪を国策化して、ふてぶてしくも開き直っている様子と、どうやら著作権や発明権、贋物を売らない公徳心、その他、なべて公的な約束を尊重する気がなく、低開発諸国の人民のことなどどうでもよいと見ているらしいシナ文化というものへの理解が、草の根レベルまで浸透したことによって、米国内には「チャイナ・フリー」こそ経済的に正しく、かつ、政治的にも正しいという価値観が定着するかもしれない。シナ人がいくら輸出品の成分表を添付したり、安全性テストに合格していることを請け合おうと、その公式文書そのものがインチキだとすれば、シナ人じたい、公的信用はゼロということである。どこまでたぐっても、シナ人相手では真実にはたどり着かない。じっさい、「元《げん》」札が、いまどのくらい市中に出回っているのかも、シナ政府当局は把握していないのだ。

そして、アメリカ人が好きな「調査報道」も、決して書かれ得ない社会だ。いかに儒教文化に無知なアメリカ人といえども、こうした薄気味の悪い欠落を再度確認するならば、シナの「独裁制」が、米国人の想像できるような生易しいものではないことを、漠然とでも察するであろう。「真実」そのものが存在することが許されていないのが、儒教圏なのだ。

誰も真実を追究できないとすれば、そこには公的な「約束」も客観的な「歴史」もない道理である。西欧が営々と築いてきた近代的なすべての価値を溶解させてしまう古代的な「ソフト・パワー」こそが、現代シナの脅威の本質だ。

シナ人が、しばしば気前よく約束し、いかにも真摯に誓い、と同時にその実行や継続についてはドライに計画的に裏切る本性が潜むのだとすれば、諸外国の政府としては、やむなく冷戦時代の「ココム」規制のように一線を設けて、国際卓球試合以外、シナ人との縁は切るべしと呼びかけることが、自国消費者の安全を守る道である。

「奴隷的労働と為替操作によって世界にデフレと失業を輸出しているのはシナ政府だ」「不公

正な敵から、われわれの雇用を守れ」……と議会人や大統領候補者が絶叫すれば、それを支持しない選挙民はいない。なにせ、それは真実にほかならないのだ。

とすれば、次のような呼びかけが公然となされる日も、近いかもしれない。

――「シナ人社員は二十年間も社長に忠誠なフリを続けておいて、ある日とつぜん、その米国企業の部外秘情報をごっそりスパイ機関に売り渡すようなマネが平然とできるから、初めから雇うな」「シナ製品には列国が一致して高関税をかけよ」「シナ本土からのコンピュータ通信はシャットアウトしろ」……等々。

こんにち米国のセキュリティ関係者は、敵国・敵勢力が新種の生物兵器を米本土に撒布《さんぷ》した場合、「防疫線」を設けてその拡大を防ぐことに決めている。通商面での「防疫線」は、有害国家そのものに対し、国際的にも構成され得るであろう。

米国政府としても、ついには、そうしたシナに発する世界じゅうの「腐蝕」の害を食い止めるべく、いくつかの同盟国を誘い、「交流制限」という名の「新・封じ込め（Containment again）」政策を、北京を対象にして徐々に打ち出すようになろう。

これは、若いシナ人インテリを憤激させ、北京の統制の効くサイバー工作のほかに、北京の統制の効かないサイバー攻撃が米国を狙い撃ちするようになるだろう。

振り返れば一九三〇年代の反日運動も、若いインテリが中核だったものだが、かれらは（たとえば郭沫若《かくまつじゃく》のように）実際に従軍もした。しかしこんにち、対外「戦争」を口先で煽っている若いインテリは、大学生であるというだけで徴兵を初めから免れているような、いたって無責任な連中である。

その無責任な小僧どもがひきおこす損害、および、それに対する米国からの反撃は、米支間の開戦気分を急激に高めるだろう。

サイバー攻撃の暴走的エスカレーション

もともとじぶんが悪いのに、他者からつきあいを断たれたりすると八つ当たりの感情を露出し、周囲を攻撃してやれと妄動するのは「小人《しょうじん》」にはありがちなこと。そして儒教圏は小人には事欠かない。日本のすぐ近くには「小人小国」もあれば、「小人大国」もあるので、いろいろ難儀するわけだ。

米国コンプレックスの強いシナ人青年層の中から、過敏に憤り、対米サイバー攻撃を勝手に始めてしまう者が現われるであろう。

サイバー攻撃にもいろいろな種類があるが、損害が局限されずにとめどなく拡大して、社会と経済に甚大な影響を与えるタイプの攻撃が成功した場合が、おそろしい。過去十数年、怒りのエネルギーを蓄積している米国内に、それは、「何で反撃しないんだ」「テロ犯罪国家シナを誅罰《ちゅうばつ》すべし」という声を惹起《じゃっき》するであろう。選挙を気にする大統領府として、世論を無視し続けることは難しい。

サイバー攻撃と「（封じ込め）制裁」の応酬がエスカレートして行く先に、リアルな戦争があろう。ことに、電力網や金融へのサイバー・テロが奏効してしまった場合は、それじたいが開戦のサインとみなされる可能性もあろう。

ところで、およそ、どんな戦争も、開戦する側に「いまやれば、勝てそうだ」「何か面白いことになるだろう」という期待が多少あって、発起される。

みんな忘れているけれども、昭和十六年の帝国海軍だって、〈真珠湾奇襲は可能だ。これが成功したら米海軍に勝てるぞ。いや、二年後には押し返されるかもしれんが、一年くらいは勝っていられる。きっと愉快だ〉と本気で思ったので、日本政府としても、〈では、ナチス・ドイツがソ連を、わが海軍がアメリカを料理してくれることに期待をかけて、開戦しましょうか〉と話が決まったのだ。

若い男がむしょうに誰かに喧嘩を売りたくなるように、ジリジリと力をつけて元気をもてました軍隊の少壮幹部も、なにごとか愉快な腕試しを欲する。

こんにち、リアル軍備ではかつての真珠湾のような隙がぜんぜんない米軍に対して、もしも大胆不敵な挑戦者が現われるとしたら、それは、サイバー空間でバーチャルな自信をつけてしまったシナ軍のハッカー戦隊しかなかろう。

米国やその仲間の国々における、対支「絶縁」運動が、シナ人の反発を呼び、ハッカー戦隊の誰かが、黙って独断で町のネットカフェから秘密兵器のウィルスを米国に送りつける。米国内では原発が停止してしまい、広範囲の停電や放射能漏れ騒ぎで、経済的な大損失が生ずる。病院などでは死者も出る。

ウィルスの発信源は特定され、世論が激昂し、大統領も何か報復をさせずには済まなくなり、米軍のサイバー・コマンド（サイバー戦争統轄司令部）に、段階的な対支サイバー攻撃作戦が許可される。結果、中共幹部の銀行預金のメモリーが消去されたり改竄《かいざん》されたり、これまた予期した以上の混乱をまきおこす。それに怒った中共からのリアクションが……といった形でのエスカレーションが想像できよう。

このエスカレーションの過程で、ありがちなこととして、たとえば、軍事衛星と地上局とを結んでいる通信システムが妨害されたり、衛星が機能喪失するなどの、米軍にとっての大きな実害が生ずれば、戦争はサイバー空間から、即座に、宇宙空間に拡大する。

宇宙は地上のマスコミからは監視されないので、平時でも「何でもアリ」なところがある。「悪さ」の敷居が低い。

詳しくはまた後述するが、中共軍は、米軍の海陸作戦が、偵察／監視衛星や通信衛星にかなり依存していると見ており、開戦劈頭《へきとう》でそれら米軍の宇宙資産を機能不全に陥らせることは著効があると考えて、その戦法の研究に特に高い優先順位を与えている。

たとえば通信衛星を正常に機能させるソフトウェアを、ウィルス感染によって機能停止させてしまえば、偵察衛星や監視衛星と地上局のリンクは切れ、米軍の宇宙の目は閉じられたのと同じことである。同時に、遠く離れた上級部隊と下級部隊のあいだで、細密な画像情報（データ量が多い）なども高速伝達できなくなる。

腕試しはすでになされている。二〇〇七年から〇八年にかけ、誰でも写真を買える準偵察衛星として秘密主義諸国にとっての脅威だった「ランドサット7」を制御していたノルウェー（スピッツベルゲン）にある地上局が、民間会社であるため、インターネットと常時接続していた弱点を衝《つ》かれ、二度にわたり、シナ発のウィルスの攻撃を受け、機能を狂わされた。

また同じ局で制御していた米連邦航空宇宙局の測地衛星「テラＡＭ－１」も二〇〇八年に二度、サイバー攻撃され、被害があった。この事実は二〇一一年十月にパネッタ国防長官がアジアを歴訪するタイミングで公表されたものだ。

シナ軍としては、こうしたサイバー攻撃が実戦で奏効せぬ場合は、地上から強力なレーザー光線を米軍衛星に対して直接照射して光学センサーを焼くとか、スペース・デブリ（宇宙ゴミ）にみせかけた小型周回衛星の軌道を急にホップアップさせて、静止軌道の米軍衛星に衝突させてやるといった、第二、第三の妨害手段もとうぜん準備しているだろう。

ただし、旧日本海軍の南雲《なぐも》艦隊が「奇襲開戦」でなくば真珠湾を攻撃できなかったように、シナ軍もまた、米軍の衛星やＡＷＡＣＳ（早期警戒管制機）等を破壊できるのは開戦前後だけだろう。それだけにそこには、「奇襲バイアス」が強くかかるといえる。

III 想定 米支戦争

1 サイバー戦

サイバー攻撃の応酬が、米支の敵愾《てきがい》感情をヒートアップさせる

米支の開戦前夜から開戦直後までのサイバー・アタック応酬で、当事者たるシナと米国のみならず、世界の他の多くのエリアでも、大規模な停電や、通信途絶障害が起きるだろう。

それらのシステムは、いまや孤立閉鎖系ではなく、互いに連接した部分が多いから、トラブルも連鎖的に拡大しがちなのである。

ただ、個人が開発できるレベルのコンピュータ・ウィルスでは、未だ、米国の電力会社の発送電システムに電話線（インターネット）から侵入して実害を及ぼすことは、できていないようである。

国家の専門部門で開発した「兵器級」ウィルス、たとえば、イランのウラン濃縮工場の遠心分離機の回転速度を狂わせて工程をムチャクチャにしてやるために米国とイスラエルが共同開発し、二〇〇九年から二〇一〇年にかけてじっさいに工場を止めたといわれる「Stuxnet」のような、極めて手の込んだ特注ウィルスならば、米国の大都市や工業地への送電を停止させてしまうことができるかもしれない。

ウィルスをメモリー・スティック等の持ち運びしやすい記憶媒体に仕込んで、それを従業員または工作員の手で挿し込ませる迂回的伝染作戦も、採用されるだろう。

現代経済や現代社会は、高度に電気通信および電力に依存しているから、「特定国家（中共）を聖域基地とし、作戦拠点としているテロ」の結果として、広範囲・長時間の停電が起きた場合の米国有権者の怒りは大きいであろう。

かたやシナ人特権階級にとり最も痛いと感ずる「サイバー反撃」は、おそらく、国外金融機関に蓄財してある彼らのうしろめたい隠匿口座の残高が、米軍サイバー・コマンドによるハッキングによって「ゼロ」にされてしまうことだろう。むろん彼らは「貸し金庫」の中に、利息のつかぬ現金や貴金属の形で、不正に貯めた個人資産を分散してもあるだろう。が、マネーロンダリング済みの少なからぬ金額は、一般の銀行に、堂々と預けてあるはずだ。

伝統的にシナでは、いまをときめく権力者・顔役であっても、いつ失脚したり、亡命を余儀なくされぬともかぎらない。だから誰もが十分な「逃亡資金」を準備している。国民の税金をせっせと諸事業の中間でネコババし、それを自国の外国為替管理法を破って海外に移送し、多くは親族（高飛びの布石として早くから西側諸国に子弟を散らばらせている）関連の名義等にして預金化してあるのだ。

苦労して悪さを働いて集めた老後貯金が、一朝にして消されるという噂がかけめぐれば、彼らは慌てふためいて預金を現金化しようとするだろう。米支関係が悪化すると、米国の主導でシナ人の海外資産（銀行口座や土地）が封印される事態は大いにあり得るから、抜け目のないシナ特権階級は、米支戦争の兆しを感知するや、全金融資産を現物や貴金属に変えて、「箪笥預金」を私営しようと図るはずだ。その動きがまた、シナ人たちの後ろ暗い資金の隠し場所を外国政府が把握する仕事をやりやすくしよう。

「サイバー・テロ」と「サイバー懲罰」のエスカレーションは、次の段階として、リアルな「宇宙戦争」に飛び火すると考えられるが、その様相を占う前に、あらためてここでサイバー戦の基本について押さえておかねばならぬ。

「サイバー戦闘」には「サイバー諜報」が先行している

サイバー攻撃には、事前の準備が要る。外国のシステムの弱点を日頃から偵知していなければならない。要塞の壁の穴を地図化しておくようなものだ。

その作業のついでに、国家の手下であるハッカーたちが泥棒となって、その穴を通り抜けて、外国企業や外国軍が秘蔵している貴重な技術情報や産業情報を、相手に気づかれることなくコピーして盗むことができたなら、平時から自軍を強化するのに役立つだろう。これは「サイバー・エスピオナージ（ネット課報）」の一部分をなす。

いずれも広義には、「ハッキング」と呼ばれるだろう。

もっかのところ、世界のサイバー空間は「匪賊《ひぞく》の聖域」だ。

頻繁に被害を受ける近代諸国の側には、反近代諸国内のハッカーに対して有効に懲罰を加える方途がないのだ。

DARPA（Defense Advanced Research Projects Agency 国防高等研究計画局）という、米国防総省内のハイテク兵器開発助成セクションは、二〇一〇年から大金を外部の研究機関に与えて、外国からのサイバー工作、特に「フィッシング詐欺（spear phishing）」を目的とする贋《にせ》電子メールを発送した犯人を特定できるように、「サイバー・ゲノム（送信者DNA）」を解析できるようなシステムを取得しようとしている。完成する見込みは不明だが……。このような、犯行現場の「指紋」に匹敵する「鉄板の証拠」がおさえられないと、なかなか国家として公的に懲罰に踏み出すわけにもいかないのだ。

さらにDARPAとNSA（国家安全局、その長官はサイバーコマンド司令官兼任）は、米国のオフィシャルのネットワーク内からひそかに大量にデータを吸い出している「トロイの木馬」

「バックドア」「ロジックボム」といったウィルス・ソフトの暗躍を自動的に探知し警報する「監視ロボット」ソフトも開発することになった。

　フィッシングは、敵のコンピュータ・システムに入り込むための第一歩として、とても有効だという。要は敵国の重要端末を操作している人物に、巧みな偽メールを送って「暗証番号」などを聞き出してしまう手口だ。敵組織の中にいるいちばん不注意な端末アクセス権者を偽メールでひっかけることに成功しさえすれば、全システムに侵入するための「鍵」が手に入る。

　平時にはそれを手がかりに「情報自動転送ウィルス」を敵システム内深く埋め込んで、あらゆる有益な情報を敵の知らぬ間に根こそぎ収集。そして開戦前夜には、平時から埋め込んでおいた、敵システムをダウンさせるためのウィルス・ソフトを、遠隔命令でタイマー起動させることになろう。

　シナ軍はいま、他国へのハッキング工作はやった者勝ちであり、報復などあり得ないから、もっとやりたい放題だと思い込んで、調子に乗っている。「おまえらがやっているんだろう？いいかげんにしろよ！」と西側諸国から指弾されると、シナ人は「中共こそが外国のサイバー・エスピオナージの被害国である。シナ人はながらく帝国主義者たちからいじめられてきたから、いま、シナ人が世界に対して勝手にふるまうことはゆるされる」と、減らず口を叩いて、開き直るという。シナじしんが帝国主義でなかったら、いまのような広い領土に多種の少数民族を包摂していることなどあり得ないのだが……。

サイバー・エスピオナージとしてのフィッシング

フィッシングのありふれた手口を説明しよう。二〇〇九年三月に米国防総省の職員に宛てて一斉送信された偽メールが、その典型的なものである。

このメールには添付ファイルがついている。ファイルの中味は、受信時点では見えない。添付ファイルには「北朝鮮が日本を核攻撃した（North Korea had carried out nuclear missile attack on Japan）」という魅惑的タイトルと、「U//FOUO」という略号が添えてあった。その意味は「unclassified/for official use only（秘密区分なし／部内公用限定）」であり、いかにも国防総省の身内らしくみえる。

しかしファイルを展開しようとしてダブル・クリックすると、仕込まれていたウィルス・プログラムが孵化《ふか》してしまい、その職員の端末パソコンには「トロイの馬」が棲みついてしまうのだ。「トロイの馬」は、端末操作者には気づかれることなく、日々の通信文その他のコピー可能な情報ならば、ことごとくシナ本国に転送してしまう。通信相手とのやりとりを多数並べて解析するうちには、もっと秘度の高いシステム中枢にアクセスするためのパスワードなども拾えるだろう。

フェイスブックやミクシィやツイッターなどのソーシャル・ネットワークがそっくり「罠」となっている場合もある。

二〇一二年三月に英国の『サンデー・テレグラフ』紙がすっぱ抜いたところによれば、米軍の「欧州総軍」の長で、かつ、NATOの先任司令官でもある米海軍のジェイムズ・スタヴリディス提督を騙った、贋物の「フェイスブック・アカウント」をシナ人が工面し、ページを立ち上げた。それを見た多数の英軍将官や、英国防省職員らは、是非ともスタヴリディス提督と個人的で親密な関係を築きたいと念じ、このフェイスブックに参加することが有益だろうと信じた。

ところでフェイスブックに参加するには、個人のメールアドレス、電話番号、顔写真などを、相手に提供しなければならない。かくして中共のハッカー機関のメモリーには、英軍内の個人情報が山のように収集され、大漁旗が揚がったものと想像されている。当のスタヴリディス提督はあずかり知らぬことだから、やがて真相が明らかとなり、くだんの贋フェイスブック・ページはまもなくして閉鎖された。

米国内でも、諜報や対諜報の世界に生きていると自認している公務員は、決して、みずからツイッターやフェイスブック等のソーシャル・ネットワークにかかわったりしない（必要な閲覧だけに徹する）。日常的に身の回りのできごとについて投稿をするという行為は、閲覧だけしている敵国の情報機関に対し、こちらの内実や、何か有益なヒントをきっと教えることになってしまうからだ。

オペレーション・システム（ＯＳ）の穴を塞げ！

米国内はおろか世界的に普及しているコンピュータの基本運用ソフト「ウィンドウズ」。この基本ソフトに、もしもハッキングをゆるしやすい欠陥があると、これは国家的な損害を放置するにも等しくなる。

そこで、他国の通信の盗聴、外国の暗号の解読、そして米国の暗号保全について管掌し、国内の大企業に対しても指導力を発揮しているＮＳＡ（国家安全局）は、ウィンドウズのメーカーであるマイクロソフト社に対して、いろいろな注文をつけている。全米選りすぐりの数学者の頭脳プールであるＮＳＡとその前駆機構は、パソコン通信などが普及するずっと前から、「盗聴されない回線」について、電話会社の技術部門と密接に協働をしてきたのだ。

米国では二十世紀初頭いらい、巨大独占事業体は、連邦政府や州政府の野心的政治家や政治家の卵によって「独禁法（アンチトラスト）訴訟」のターゲットにされてきた。電話電信事業界のガリバーであった「ＡＴ＆Ｔ」社（日本の旧・電電公社のようなもの）も、その例外ではなかった。

しかし一九五六年に、「ＡＴ＆Ｔ」社は連邦政府と手打ちをしている。同社が政府の特殊なプロジェクトに協力することとひきかえに、とりあえず会社分割を免れたのだ。詳細は不明なのだが、おそらく連邦政府の公安系の盗聴部局による随時の回線アクセスに、便宜を提供することがとりきめられたのではないかと思う。朝鮮戦争からまだ日は浅く、米国内には、共産主義者のスパイが多数、潜入していると疑うことができた。

同じような秘密協力関係が、こんにち、マイクロソフト社と米政府のあいだに存在すると疑うことは合理的ではないか。

じっさい、製品シリーズ「ウィンドウズ」の一バージョンである「Windows 7」は、NSAとマイクロソフト社の合作らしい。その前のバージョンの「Windows XP」にはいろいろなセキュリティ上の「穴」があったらしく、米軍とNSAはそこが不満だったのだ（安全にした代償として、「7《セブン》」は動作がかなり「重く」なってしまったともいわれる）。

NSAは、米空軍（戦略核部門や宇宙偵察部門を擁する）が使う特別バージョンの「Windows XP」の開発（改造）も手掛けている。外部からハッキング侵入することを極端に難しくするため、NSAは六百カ所以上、ソース・コードを改変したという。

また米国防総省でも、ウィンドウズを独自に改造し、「国防総省専用仕様OS」としている。もちろん、その最新のセキュリティ対策パッチも独自につくって、国防総省内だけで逐次に自動アップデートさせるという措置を講じている。さらに、国防総省の職員のすべてのパスワードは、登録してから六十日で自動的に有効期限が切れるようにもしてあるのだ。

ちなみに米軍も国防総省も、インターネットに常時つながっているNIPRNET（Non-classified Internet Protocol Router Network）の使用をいまさらやめることは考えていない。それは不可能であり不合理でもあろう。

そのかわり、まったく外部とつながっていない、米軍内だけの閉鎖系・ＳＩＰＲＮＥＴ（Secure Internet Protocol Router Network）が別に構築されている。この孤立したシステムに対するハッキングが、これまであったのかどうかは、一切公表されていない。

サイバー戦の総司令部「サイバー・コマンド」

米軍は、二〇一〇年に、サイバー戦争統轄司令部（U.S. Cyber Command）を、ＮＳＡにも近い首都ワシントン郊外のフォート・ミード基地に立ち上げた。この司令部が、外国のハッカーから米国のシステムを防衛するだけでなく、報復反撃や、有事のサイバー攻撃も総攬する。

米四軍（空軍、陸軍、海軍、海兵隊）も、それぞれ、独自のサイバー戦闘指揮中枢を開設済みだ。いち早くとりくんでいたのは空軍で、二〇〇八年末だった（その後、核弾頭管理の人手が足りないとされて、人員がかなり抽出されたこともあった）。

空軍に続いたのは陸軍で、ヴァージニア州のフォート・ベルヴォア基地には、二〇一一年時点で二万一千人の将兵が専従しているという。また二〇一二年三月時点で、米海軍は四万五千人、海兵隊は八百人を、サイバー戦専従に編成している。

米連邦議会はすでに、大統領が米軍にサイバー攻撃手段を命令してよいというお墨付きの承認を、法的には与えている。

しかし細かい規則は未熟だ。そのため、特に攻撃局面での運用は、手探りの検討が続けられている。大組織のサイバー・コマンドからいちいち許可を出すのでは、シナ人相手に後手後手にまわってしまうだろうから、ハワイの「太平洋コマンド」にサイバー戦闘の指揮権限の一部を委譲しようかという話もある。

なにしろ、米国がコミットしている既存の戦時国際法を蔑《なみ》するものであっては体裁がよくない。すなわち米軍のサイバー攻撃が「戦争犯罪」を構成するものであってはまずいのだ。

しかし、米国の擁する世界最高の技能を動員した高度なサイバー攻撃によって発生するコラテラルダメージ（被害拡散）は、事前には誰にも予測できるものではなかろう。なぜなら米国以上にサイバー部門に数学者を集めている国はどこにもなく、したがってレフェリーを部外から探すこともおそらく至難。他方で、シナ国内のサイバー連接地図も不明点だらけだからだ。

米国戦争権限法（U.S. War Powers Resolution）は、大統領が軍隊を動かして攻撃をさせたら、それから九十日以内に連邦議会に承認を求めねばならず、承認が否決された場合は、戦争行為をやめなければならないとした。サイバー戦争でも、このしきたりは守らなければならぬとされる。

米軍のサイバー人材確保のむずかしさ

西側の金融機関は、これまでシナ人のハッカーにしてやられたという報道が皆無である。もし、被害を隠蔽しているのでないとすれば、かれらは、誰にも頼らずに、超大手の軍需企業以上のガードを実現していることになる。

もちろん金融業界も、ずっと昔からサイバー攻撃や産業スパイ工作を受けてきたであろう。しかし、ハッキングされた場合の損害があまりに大きくなるとよく認識しているので、企業内にはサイバー防禦担当の有能忠実な専任チームが置かれ、人件費やバックアップ基地などの設備も含めて必要な予算が十分に投じられているのであろう。いわれてみれば、銀行員がじぶんの机上のパソコンでネットサーフィンしている姿が目撃されることもまずない。

米国防総省の結論では、サイバー・ディフェンスも、つまるところ、勝負は人材で決まる。その最も有能な人材は、しかしながら、民間部門が高給でヘッドハントしてしまう。軍は、そうした優秀な人材に、市場をしのぐ最高の待遇を提示することはできないのだ。としたら、〈最優秀人材を獲得できないし、抱え続けていることもできない〉という悪条件をまったくの所与として、軍は、サイバー防禦を計画したり組み立てる覚悟が要る。

給与面以外でも、軍隊が、民間から高度なハッキング・スキルを持った者を契約軍属として大勢雇いにくい事情がある。米軍の秘密の作戦に参与する軍属は、必ず「セキュリティ・クリアランス」をとってもらわねばならぬ。しかるに世の有能なハッカーたちときたら、たいていは、過去に触法的活動を重ねてそのスキルを磨いてきた者たちだ。かれらは、徹底的な「身体検査」を公安当局にされるのはかなわないと思っている。しぜん、かれらは軍の求職に応ずることはないし、軍としても、「身体検査」の結果、犯罪歴があるとわかった者を簡単には雇えない。

「敵からのサイバー攻撃をすべて撥《はじ》き返す、不破《ふわ》の防禦壁」などというものは、理想ではあっても現実的ではない。むしろ、巧妙なサイバー攻撃で大ダメージが発生してしまった場合のリカバリー法を、日頃から、二重、三重に考えておくことが、軍隊がタフなサイバー戦争を乗り切る近道だ。

米軍は、このような心構えを、特に後方勤務の将兵に求めている。

というのは、民間の電話回線を多用して民間交通輸送機関とも日々、データ通信をし続けなければならず、それによってシナ軍のハッキング攻撃に最も激しく曝《さら》されるだろうと予想されるのが、後方兵站作業（補給・輸送・経理など）だからだ。

厖大な部品、燃料、弾薬などが、オンラインで日々手配され、問い合わされ、それを運ぶための艦艇や航空機も、やりくりされている。在庫管理もコンピュータ頼みだ。

これらの担当将兵は、いつも「プランB」（緊急代替案）を考えておくことが奨励されている。「いま使っている回線やコンピュータやデータがとつぜん、まったく使えなくなったら、キミはどうやってその業務を続行するか？」という自問自答を末端将兵にさせることで、サイバー攻撃の修羅場は乗り切りやすくなると期待されている。

単純な破壊工作も有効

高圧送電線用の、高さ七三メートルもある山の中の鉄塔が、基部のボルト（数十個）をレンチで回して緩めただけで倒壊し、復旧に三カ月半もかかり、犯人は捕まらなかったという事例が、一九九八年二月に四国地方であった。

また、地下の共同溝を通している電力線や通信線などの太いケーブルが、案外、火に弱く、それどころか延焼を止められないような素材を使っていたために、電話はもとより、地域の銀行のオンライン・サービスもダウンしてしまったという事故も、東京都世田谷区で一九八四年に起きた。これを教訓にして、被覆等の素材の不燃化／難燃化が図られたが、これが失火でなくて、強力な焼夷剤や工具を使った意図的・多発的な切断工作なら、どうなるだろうか。

二〇一一年三月には、グルジアの首都トビリシ郊外で、地中の金属スクラップ（銅が含まれていれば、いい値がつく）を探していた老婆が、偶然にシャベルの先で光ファイバーの基幹通信線を破断してしまった結果、隣国のアルメニアの九割のインターネット通信ができなくなるという珍事件が発生した。

もともとインターネットは、ひとつのラインが核戦争で消滅しても、他のラインを利用してグローバルな通信を維持するという目的で考案されたシステムだったはずだが、地域によっては、こんなことも起こり得る。「敵」は、そうした「致命的なポイント」を平時から探し、破壊工作法を研究していることであろう。

現代の発電所や送電系には、いろいろな安全メカが仕組まれている。たとえば送電線が落雷を受けたとか、ある発電所から出ていく送電路が途中で切断されてしまって、原発で作った電力を突如、どこにも送れなくなった――といった非常事態が生ずると、センサーが「危険」という情報をフィードバックし、送電や発電を止められるようにできているのだ。原発を止めるのに、原発敷地を攻撃する必要は、ないのである。

2 「開戦奇襲」はスパイ衛星を狙って第一弾が放たれる

ＩＳＲとは何か

米軍の強みは、敵対的外国軍に関する「諜報・見張り・偵察」手段を、宇宙から深海まで分厚く多重に配備していて、そこから得られた情報を各級指揮官が利用するための通信の便宜もよく整えられていることだ。

千里眼と地獄耳と読唇術をマスターしている敵軍隊に、「見えず・聴こえず・叫べず」の他陣営が、平原や大海で勝負を挑もうと考えるのは無謀だ。シナ軍も、そんな「廟算《びようさん》」はできる。

「諜報活動、監視、偵察」を総称して、米軍は「ＩＳＲ」（Intelligence, Surveillance and Reconnaissance）と呼ぶ。

そのカテゴリー中には、「空飛ぶレーダー」もあれば、「空飛ぶ海中聴音機」もあれば、「空飛ぶ電波収集機」もあれば、「空飛ぶ赤外線センサー」もあれば、「空飛ぶ望遠写真機」もある。もちろん航空機だけがプラットフォームではない。人工衛星、艦艇、車両、山の上の基地、さらには海中や地中に置く固定式まであって、多彩だ。

〈米軍にはどうやったら勝てるか〉といつも考えている中共軍は、開戦劈頭《へきとう》に、サイバー・アタック（狭義の電子妨害も含む）や物理的攻撃によって、米軍の通信網やＧＰＳサービスを機能停止させ、命令も報告もミサイル誘導もできぬようにしてやりたいと願っている。

ＧＰＳ電波や各種通信が、攪乱または遮断されれば、偵察衛星などのＩＳＲ資産《アセット》を米軍はまるで活かせないことになるから、いちばん効果が大きいわけだ。

通信機能を無力化された軍隊は、他の装備や訓練がいかほど優れていようとも、それほどおそろしい敵でもなくなると考えることは、合理的である。宇宙から海底までに所在する米軍の送受信局や中継装置やケーブルなどの通信資産に対しての、物理的攻撃／破壊工作と、広義のサイバー・アタックが準備されているのは、当然である。

そしてシナ軍が、通信システムの次に見据えている優先的な破壊／妨害目標は、ＩＳＲ資産そのものだ。

たとえば、米空軍のＡＷＡＣＳ機（ジェット旅客機をベースにしている大型の空中管制機で、レーダーの視程が四〇〇キロメートルある）や米海軍のＥ－２Ｃ（空母から運用される早期警戒機）などを不意に急襲してやれる、長射程の空対空ミサイルや高性能ステルス戦闘機が鋭意研究されているのも、そのためである。

中共軍は、平時に米国の電子偵察機や情報収集艦がシナ本土に近づくこともはなはだしく嫌っている。中共軍は、開戦後にそうしたＩＳＲや「指揮・統制・通信」機能を電子的に妨害してやるためのデバイスも無数に開発させているのは無論のこととして、なんと、じっさいに米軍機や米艦を相手に、平時から開発中のそれら製品の「試験」もやっているらしい（公式に報道されることはない）。

この試験にはオドカシの意味もあるだろう。リアルの米支開戦になったら、劈頭においておまえたちの通信を途絶・混乱させられるのだぞ、と信じさせたいわけだ。

敵軍の通信網とＩＳＲ資産を、開戦と同時にぜんぶ無力化してやることは、現代戦争では必須の着眼だ。イスラエルは幾度もその手で、楽々と周辺敵国に対して勝利を手にしてきた。

およそ、陸戦であれ海戦であれ、そもそも敵が、いま、どこにどのくらい展開しているのか、またそれが移動中ならば、どちらに向かっているのかを承知していないことには、どんなにこちらから巧みに攻撃をしかけたいと願おうとも、また、どれほど強力な攻撃部隊を擁していようが、攻撃のプランニングそのものが、できない道理である。

たとえば潜水艦から発射する射程の長い巡航ミサイルで、米空母を襲撃するケースを考えよう。これを成功させるには、米空母の正確な現在座標と推定未来位置が、なんらかの手段で刻々に付近海面の潜水艦長に知らされる必要がある（たいがいの通信電波は海面直下の水中でも受信ができるので、海面に頭を出すか出さないかのブイ式のアンテナを背中から繰り出すことで潜水艦は、味方の空中指揮機や中継衛星からの無線のメッセージを受領できる）。

さもなくば、その対艦ミサイルを発射する機会そのものが得られない。ちょうど昭和十六年〜二十年の日本海軍の潜水艦と同様、広い太平洋をあてずっぽうにウロウロして、ほとんど偶然の会敵を期待するしかなくなるわけだ。それでは潜水艦というせっかくの高額な攻撃手段の資産は、ほとんど無駄に終わるのみ。

敵軍のＩＳＲと通信が麻痺しており、こちらのＩＳＲと通信がうまく機能しているなら、性能の劣った潜水艦しかなくとも、強力な米空母艦隊を待ち伏せしたり急襲することは意のままになるだろう。

さてそこで、破壊すべき敵ＩＳＲの優先順位だが、シナ軍は、「開戦奇襲」以外には手の出しようがない、米軍が宇宙空間に展開しているＩＳＲ資産――具体的には、スパイ衛星と通信衛星の数々――を早めに攻撃したいだろう。

つまり、米支のあいだで、サイバー攻撃と報復の応酬がエスカレートすると、シナ軍による、米軍衛星に向けた各種の「奇襲」の引き金が引かれてしまう可能性は高まる。なぜならシナ軍は平時からそれぱかりを研究し、そのわずかなチャンスに賭けたい気組みがあるのだから。

宇宙でも、米軍の攻撃能力（シナ軍の衛星を撃滅してしまう作戦能力）が圧倒的だということは、理解されている。シナ軍としては、もしも開戦前夜や直後のチャンスを逃がしてしまえば、二度と宇宙では得点を稼ぐどころではなくなる。

この情況認識から、中共軍は、平時から「奇襲バイアス」の圧力下にあると考え得る。対米関係が険悪化し、国家間のサイバー報復戦でひどいダメージがあると、党中央の公式開戦決心に先立って、待ちきれずに軍人が奇襲の手段を発動してしまうおそれもあるだろう。

自己宣伝が実力不相応な強気にさせる自己破滅コース

各国の宇宙ロケットの打ち上げ回数は、宇宙の軍事資産の質的優劣に必ずしも比例してはいない。

特に近年、米国の民間衛星は、そのすべてが、ロシアなど安価な外国のロケットに委託して打ち上げられている。米国内から打ち上げられている衛星は、政府（その大半は軍用）の特注品に限られている。もちろん有事や緊急時の衛星投入に必要なロケットの在庫も確保されている。

二〇一一年の一年間だけで比較をすると、ロシアは三十一基のロケットを成功裡に打ち上げ、それによって五十三機の衛星を軌道に投入した（打ち上げ失敗は四回あった）。これは量的には世界一。だが、たとえばロシア版のGPS（電波航法支援衛星群システム）である「GLONASS」

は、九〇年代後半より、作動中の衛星の数が必要数の二十四機を下回っていて、ようやく二〇〇三年から回復努力が払われてはいるものの、二〇一二年五月現在、いまだにフルサービスには至っていない。衛星一機の寿命が五～七年だから、次々に打ち上げ続けねばならぬのに、そのための宇宙予算がロシア政府には足りないのだ（おまけに痛い打ち上げ失敗もあった）。だからロシア軍の装備システムは、九〇年代からこんにちまで、自前のＧＬＯＮＡＳＳだけでなく、敵国（米国）のＧＰＳにも公然と依存をし続けているのだ。

中共は二〇一一年には、十九基のロケットを成功裡に打ち上げ、二十一機の衛星を投入した（一基の「長征《ちょうせい》」が八月に失敗している）。

これに対し、米国は同じ年に十八基を打ち上げて二十八機を投入した（打ち上げ失敗はゼロ）。ロケットの本数ではシナが米国を追い越そうという趨勢ながらも、ひとつひとつの衛星（宇宙船）の重さと性能（したがって調達価格も）は、桁違い。なにしろ米国の宇宙関連予算は、米国以外のすべての国の宇宙関連予算の合計額の二倍もあるのだ。

げんざい、シナの衛星は六十機ほども回っていると見積もられているが、いずれも米国の衛星にくらべて「チャチい」もので、寿命も比較的に短い。

そのうち軍用通信衛星は二十機ほど。またシナ独自の航法支援衛星群である「北斗」シリーズも十数機、周回している（その数は漸増中で、二〇一二年には六機が追加され、最終的には三十五機揃える計画だという）。

ちなみに、国籍や用途を問わず、もっか軌道上にある全衛星をカウントすると八百五十機前後だという。そのうち米国の人工衛星が五百機前後もあるのだ。

米ソの冷戦中、米国は「官」の衛星百機と、商用衛星（ただし軍も利用する）三百機を、余裕で軌道投入した。中共が打ち上げた国産衛星は、過去すべてトータルしても二百機に足りない（二〇一二年時点）。

つまり、いまさらシナ軍が本格的な宇宙レースを米軍相手にしかけても、とても勝算はないと考えるのが公平な見立てだが、シナ人はそうは思わぬようで、かれらは自己宣伝に陶酔して、宇宙でも強気なのである。外貨収入が巨大化すると、いにしえのカルタゴ人やオランダ人もそうであったように、天狗の鼻が斜め上へどんどん伸びるのは誰にも止められない。

なお、過去の米ソの有人宇宙飛行の「搭乗者の属性選考」がいかに国際政治宣伝と密接に連動していたか、そしてミール宇宙ステーションやスペースシャトルからシナ人だけ疎外され続けて、モンゴル人やベトナム人にすら先を越されて面子《メンツ》まる潰れとなったために、中共は意地でも「神舟《しんしゅう》」をこしらえねばならなかった――といった背景は、二〇〇六年刊の『別冊正論・やがて来る「軍拡中国」との対決』に兵頭が寄稿して説明をしているので、興味ある方は参照されたい。

ＧＰＳ妨害は両刃の剣

冷戦末期からロシアは、米軍機が投下するGPS誘導爆弾の精度を狂わせてやるため、地上部隊が自衛用に作動させる「GPS信号攪乱電波放送装置」を開発してきた。

空から降ってくる二五〇キログラム爆弾が、精度一〇メートル以内で地上部隊を直撃するか、それとも誤差数十メートルにバラけてくれるかは、「次の戦争」ではどうも制空権を握れそうにないと自認している陣営にとっては、生死をわかつ違いであり、大きな関心事たらざるを得ない。

このロシア製のGPS妨害装置を、イラクや中共や北朝鮮などが買ったのも当然であった。二〇〇三年の米軍によるイラク全土占領作戦では、イラク軍が作動させたこの装置が最初は効いたという話と、無効だったという説の二つがある。一つ確かなことは、米国はGPSの軍用システムとしての「耐妨害力」を、当時もいまも、継続的に強化し、改善し続けている。

軍用GPSには暗号がかかっており、民間用GPSほど簡単に受信妨害やスプーフィング（spoofing＝偽のGPS信号でその利用者を騙して、たとえば無人機などを暴走させてやること）は受けないとされるが、相手のあることだから、将来について断言はできない。

中共がロシア製をコピー（ロシア人技師が外国に出張してアルバイト感覚で製作指導することも）して、それをまた北朝鮮に売ったGPS妨害装置が、過去、ソウル市に向けて二回ほど使われたことがある。いずれも、民航機の運航や携帯電話に支障が出たが、在韓米空軍は特に困らなかった模様である。

これら妨害装置は、強い電波を発信するものだから、米空軍が昔から持っている、特定の電波放射源に自律的に突入していくミサイルを発射すれば、有事には簡単に片がついてしまう。

別な妨害手法としては、GPS衛星を物理的に攻撃することのほかに、GPSを地上から管制している基地にウィルス・ソフトによるサイバー攻撃を仕掛けるという術策もあり得る。

GPSの「マスター・コントロール」基地は、コロラド州のシュライヴァー空軍基地内にある。もしそこが（核爆発テロなどで）破壊された場合には、カリフォルニア州のヴァンデンバーグ空軍基地が、バックアップとなって管制を引き継ぐことになっている。

二〇一〇年一月十一日に、GPSを地上から管制するソフトが更新された。このとき、あちこちでトラブルが発生したようである。たとえば空母から発進させる無人機の「X－47B」のテストが、その影響を受けてしまったと報じられている。

ウィルスがGPS地上管制局を汚染することに成功すれば、その影響は衛星攻撃よりも甚大になるかもしれない。

ところで、現状では、シナ軍も米国のGPS信号に決定的に依存している。

シナ本土から射程三〇〇キロメートル以上の地対地ロケットや地対地ミサイルを発射すると、台湾の隅々まで制圧することができる。しかし滑走路などを精密に狙うためには無誘導のロケット弾ではどうしようもなく、精密に誘導される地対地ミサイルにクラスター弾頭を搭載して投網をかけるように子弾をバラ撒かなくてはならない。この初期～中間誘導に、シナ軍は米国衛星からのGPS信号を頼っているのだ。

たとえば「WS－3」という直径四〇六ミリの短距離弾道弾は、米陸軍のATACMS（直径六一〇ミリ、射程三〇〇キロメートルの弾道弾）のコンセプトに影響を受けて試製されたもののようだが、GPS誘導によって、三〇〇キロメートル飛翔したあとの着弾誤差を六〇〇メートルに絞ることができるという。もし自軍の妨害によってGPS信号が狂えば、それを発射しても、クラスターの「投網」が狙った台湾軍の滑走路から数キロメートルもずれることになり、何の効果もなくなってしまう。そしてその前に、米軍は、対支有事のさいには、周回軌道のGPS衛星が絶東《ぜっとう》の上空を通過するときだけ民用GPS電波を止めさせるはずである。

米軍のトマホーク巡航ミサイルの不発弾をコピーしたシナ軍の空中発射型巡航ミサイル（射程は一五〇〇キロメートル）も、途中誘導はGPS（民間用サービス）に依存している。GPS信号を頼れなくなった場合の結果は、推して知るべしだろう。

米空母の所在は静止衛星には見張れない

シナは一九七〇年に最初の国産衛星を軌道投入した。それは、米国人に向けて、ICBM技術の保有を印象づけるためだった。人工衛星とは、地球一周、つまり射程四万キロメートルの弾道弾にほかならぬ。シナ中央部からニューヨーク市までは一万一〇〇〇キロメートルある（北朝鮮の奥地やイラン中央部からでもほぼ同じ距離）。たとえば低軌道にちょうど一トンの重さの人工衛星を投入できるロケットがあったとすれば、そのロケットを使って、ニューヨーク市に一・五トンの重さの水爆を「配達」することが可能だろう。

デジタル画像を地上局へ電送できるスパイ衛星を、シナが打ち上げることができるようになったのは、ようやく二〇〇一年であった。それ以前には、スミソニアン博物館などに実物が展示されていた米国のごく初期（一九六〇年前後）の「コロナ衛星」を摸造し、生フィルム回収式の偵察衛星で腕を磨いていた。米国の画像衛星の解像度はとっくにデジタル式が光学フィルム式をしのいだが、ロシアはいまだにフィルム回収式を併用せざるを得ない（たとえばイランや北朝鮮の核施設の運転状況を分析したいときなど）。シナ軍のスパイ衛星の技術力も、ロシア以上ではあり得まい。

現時点で、周回中のシナの軍事衛星のうちすくなくも十六機は、光学画像／レーダー画像式偵察衛星だという。どれも自重は三トン以下。米国製の偵察衛星よりずっと小型だ。よって寿命も短い（軌道維持用の搭載燃料が少ないため）。

シナ軍は、米海軍をシナ本土沿岸からできるだけ遠ざけておくために必要な海洋監視衛星について、いちおう〈後発者の利便〉は享受する。特に一九九〇年代に「合成開口レーダー（synthetic aperture radar）」の技術が一般化し、その解像力も逐年、よくなった。

この技術を採用するなら、太陽電池パネルを拡げても大気との摩擦ブレーキがそれほどひどく働かない、したがって軌道維持用の燃料もあまり消費しない高度五〇〇〜一〇〇〇キロメートルくらいの軌道の上から、海面の敵艦船を見張ることができる。しかも、時刻や天候に制約されることなく、あたかも写真のように艦種の識別までできるのだ。

ちなみに、赤道上の高度三万六〇〇〇キロメートルに浮かぶ静止衛星に、いくらすぐれた対地レーダーを搭載しても無意味だ。レーダーの「視力」は、距離の四乗に比例して悪くなるものだし、合成開口レーダーは、レーダーと地表面との相対位置関係が固定していれば、機能できないのだ。

かつて、合成開口レーダーなどというものが一般的ではなかった時代（一九六〇年代から八〇年代）には、ソ連は米空母を宇宙からレーダーで見つけるために、高度三〇〇キロメートル以下の低軌道を利用するしかなかった。

そのくらいの低い周回で太陽電池パネルを展張すると、大気上層（地球に近い宇宙空間にもごく僅かに空気の分子が散在する）との摩擦ブレーキとなって衛星もすぐ墜落するほかないので、やむなく小型の原子炉（ウラン235を核分裂させ、ナトリウム・カリウム媒体で熱循環させる本格的なもので、二キロワットから六キロワットの電力を発生した）を搭載したのだが、それでも低軌道の高度を維持するため頻繁にふかさねばならぬ小型ロケット装置の燃料が、三カ月から半年すれば尽きてしまった。

またその実用性（米空母がいまどこにいるのかの正確な位置情報を、地上の航空機などに知らせ、長射程の対艦巡航ミサイルを飛ばすべき「見越し方位角」の参考とさせる）は一九七〇年代においても、どうにもならないレベルであった。ソ連はやっと一九八二年のフォークランド紛争の頃に、イギリス艦隊の位置確認に成功したという。

つまりは米空母対策用としては残念な投資に終わってしまったわけなのだが、冷戦後に普及した合成開口レーダー技術を使うなら、周回高度は五〇〇～一〇〇〇キロメートルにまで上げてもいいのだから、軌道維持用の燃料もたくさんは要らず（したがって寿命は延びる）、もちろん太陽電池パネルを展開しても空気ブレーキとはならぬ。

米軍のものは性能の詳細は明らかにされていないけれども、げんざい、米国以外の国々の技術で、周回高度六〇〇キロメートルから、洋上の三メートル四方の物体の有無がわかる程度の精度に設定をした場合には、合成開口レーダー衛星で上空を航過しながら一枚の画像データを走査（撮像）できる海面面積は「四〇キロメートル×四〇キロメートル」だと知られている。またこれを、二〇メートル四方の物体の有無がわかるくらいの粗さに設定した場合には、走査海面は「一〇〇キロメートル×一〇〇キロメートル」になるそうだ。

『ニミッツ』級米空母の平面サイズは「三三二メートル×四〇・八メートル」だから、あらかじめ某海域に米空母が存在しているはずだという情報さえ得られていれば（その情報は、電波収集衛星の信号解析で得られる。洋上行動中の艦隊は無電の発信を封止して自己位置を秘匿しようとするが、警戒レーダーだけは作動させないわけにいかないので、敵艦隊に特徴的なレーダー波を逆探する。三～四機編隊で周回させれば、地震の震源をつきとめるのに似た要領で発信源座標を絞り込める。米露は昔からこうした衛星を有する。シナ軍は二〇一〇年から実験開始したともいう)、海洋偵察衛星で確認したレーダー画像から、その空母(艦隊)の動静はおおよそ見当がつけられる。レーダーによる海面画像にはウェイク(航跡)もハッキリと見える(艦型を見分けられぬ低倍率の赤外線写真でも、ウェイクだけは容易に判別可能)。

ただし、同一周回衛星による同一艦隊の撮影チャンスは一日に一回か二回しかないだろうし(円軌道高度四一〇キロメートルなら九十二分くらいで地球を一周するが、偵察衛星は、軌道を横方向に変更するロケットをふかさぬかぎり、同じ地点の真上を二回続けては通過し得ない)、もしも敵空母艦隊の機動がすこぶる巧妙ならば、衛星の通過コースの真下をギリギリで外されてしまうかもしれない。原子力空母は三〇ノット(時速五六キロメートル)以上を連続して出すことができる。

要するに衛星による海洋監視は決して「常続的」監視たり得ぬ。衛星には、敵艦隊に対する「尾行・張り付き」ができないという大きなハンデがあるのだ。

二十四時間、地球のどの海面でも途切れなく見張っていられるような、高倍率の海洋監視衛星群——といった壮大すぎるシステムを構築することは、非現実的である。いまのところ、それが、米国の国防政策立案者たちが到達している結論だ。

とうぜん、リアルタイムで長射程の対艦ミサイルの誘導に使えるような便利な衛星も、まだない。

その任務のためにはどうしても、長時間の滞空が可能な洋上哨戒機、もしくは洋上作戦に特化した早期警戒機のような、特殊な「ISR」航空機が必要なのである。

空母をめぐる米支間の攻防で現実的に重要なのは、やはり固定翼の（つまりヘリコプターではない）ISR機となろう。

「触接《しょくせつ》」には専任の飛行機が必要だ

近年では、それらも一機が複数の機能を兼ねるのがふつうとなっている。だから、いちいち任務を呼び分けるのが面倒なときは、「ISR」機と括《くく》られる。もちろん、有人操縦のものもあれば、無人のロボット飛行機もある。

海戦にかぎらないが、一般に、ISR活動が敵軍より優秀な軍隊は、勝つ。他の装備や兵数において、いかほど敵軍よりも見劣りしても、致命的ではない。ISRで優っているかぎりは、その軍隊は、いちばん合理的な作戦を組み立てて、敵部隊を不意に襲えるし（たとえば一九四二年二月のマーシャル諸島守備隊に対する空母『エンタープライズ』と巡洋艦によるヒット&ラン攻撃）、逆に敵の動きをみて自軍を逃がしたり隠れさせたりすることが随意だからだ。

シナ軍は、このISR分野でまだまだ後進的だ。旧ソ連のポジションにも、はるかに届いていない。かたや米軍は、このISRの資産と運用の双方で、冷戦中も冷戦後も、卓絶した地位を保持する。

ゆえに、シナ軍の中期的な課題は、開戦劈頭でなんとかして米軍のＩＳＲを無効化する方法を獲得すること（それだけで彼我の勢いはガラリと変わるだろう）であり、さらに長期的な課題（＝夢）は、米軍と互角のＩＳＲ能力を整備することである。

さて、戦前の日本海軍では、索敵機が敵艦隊を発見したあと、その敵艦隊の所在を見失ってしまわないように、ギリギリの距離から、できるだけ長い時間粘って、雲間隠れに視認監視を続けたものだった。そしてもし敵艦隊の針路や速度に変化がみられたならば、ただちに無電で味方の艦隊（と航空機部隊）に知らせた。実戦での、このようなＩＳＲ活動を、旧海軍では「触接」と呼んでいた。

既述の如く、人工衛星によっては、この「触接」ができない。

だから、シナ軍が米空母艦隊の動静を見失いたくないならば、海洋偵察衛星（電波収集衛星を含む）を持っているだけではダメ。どうしても、長時間滞空できる航空機によって、触接をさせねばならない。

さもないと、いくら、対艦攻撃機から発射できる長射程の対艦巡航ミサイルを保有していても、それをどのあたりから、どの方角に向けて、いつ発射させたらよいのか、さっぱりわからぬ仕儀となる。そして逆に、いつのまにか近寄っていた米空母からの圧倒的な空襲を、不意に喫してしまうだろう。日米戦争中の南方島嶼《とうしょ》の日本軍航空基地においては、それはしばしば起きた。

とにかく、敵がいま、どこにいるのかもわからぬようでは、互角の勝負は決して組み立て得ない。これは子供でもわかる戦理だろう。

シナ軍は、本土沿岸に、短波の電離層反射を利用して水平線の向こう側、一〇〇〇キロメートルより遠く、だいたい二五〇〇キロメートルくらいまでの範囲で「動いている物（艦艇や航空機）」を、反射波のドップラー遷移（救急車のサイレンが近づいているときは高く聞こえる波動現象）によって概略探知することのできる「OTHレーダー」を一、二カ所、設けているけれども、そうした巨大施設は、開戦劈頭に敵軍の巡航ミサイルなどによってすぐ破壊されてしまう。

シナ軍の垂涎のアイテムは、「E－2C」だ。

米海軍は、事実上の触接機にもなる装備として、空母にE－2Cを四機ずつ搭載している（いまから四年後以降、「E－2D」に切り替わっていく予定）。E－2Cは固定翼（プロペラ双発）の早期警戒機である。この種の固定翼機が巡航できるほぼ上限の高度の九〇〇〇メートルから水平線方向を見渡せば、その見通し距離の限度は四〇〇キロメートルである（地球が丸いため）。シナ軍には、AWACSはおろか、このE－2Cの同格機すらない。味方航空機に敵艦情報を知らせて攻撃させる機能が特に優れているE－2C（やE－2D）こそは、シナ軍として喉から手が出るほど欲しい「触接」機だ。

現状だと、米空母の方はシナ軍機の接近を三〇〇キロメートル以上先から楽々と見張れるのに対し、シナ軍の方は、米空母に触接しようと思ったなら、低性能のISR機（輸送機や旅客機やヘリコプターを改造したものがある）を米空母まで三〇〇キロメートル以内に近づけねば、レーダーによる触接はできない。米空母は、戦闘機のF－18を発進させて、そこから射程数十キロメートルの空対空ミサイルを発射するだけで、シナ軍の鈍重なＩＳＲ機は撃墜してしまえる。

これではとても勝負にならないので、シナ軍は宇宙と同様、洋上でも、まず米軍のＩＳＲ機を撃墜もしくは無力化する、何か変則的な、あの手この手を考えているところだ。

宇宙のＩＳＲ潰し合戦の行方

米海軍は、港を出ていったあとの原子力空母艦隊（十個ある）がいま、どこに所在するか、その正確な座標などは決して公表しない。作戦中の米空母は、遠くで傍受される可能性のある無線電波なども、迂闊《うかつ》に放射しない（衛星通信を主用する。それは直進性の強い電波ゆえ、離れた地点から傍受しがたい）。だからシナ軍の参謀本部としては、軍港に碇泊中であるか、ドックで修理中の米空母以外は、いまどこで行動しているのか、どこに向かうつもりであるのか、漠然とした絞り込みしかできない。

三～四機編隊の電波傍受衛星を周回させると、米海軍の空母艦隊に特有のレーダー波を、たまたま頭上を航過したときにキャッチできることがあるだろう。その編隊のうち一機に赤外線撮像カメラもとりつけておけば、発信源が本当に米空母なのか、それとも何かの欺騙《ぎへん》なのかも同時に確認しやすい。

しかしシナ軍にはまだ、こうしたＩＳＲ衛星の数が十分ではない。わずかなＩＳＲ衛星を無力化されたらそれでおしまいだ。米軍は、敵国の衛星を破壊してしまう手段を、シナ軍の何倍も持っている。

高度四八〇キロメートル以上のシナ軍の衛星に対しては、米軍は、超小型衛星（マイクロサット）を軌道変更させて衛突させる戦法を使うだろう。これは米軍がつねに予備基を控置してある宇宙ロケットで、一度に何機も放出できる。

シナ軍も同じ方法を用いたいだろうが、米国と違って、地球の裏側や両極地方にまで及ぶ全地球的な軌道監視基地網を有していないため、さいしょから不利は覆いがたい。米国が全世界に基地を置いている「Ｘバンド・レーダー」（この「Ｘ」は「Ｘ線」とは関係がない。八〜九ギガヘルツ、すなわち波長三センチメートルぐらいの電波帯域を呼ぶ符号で、米海軍の最新対潜哨戒機の海面捜索レーダーや、日本の国交省の雨量観測レーダーにも採用。戦術ミサイルの誘導にはもっと波長の短い「ミリ波」帯すら使われる）で軌道を注視すると、通過する人工衛星の姿が、あたかも高性能望遠カメラで撮影したかのように、視覚化されて見えるという。たとえば親衛星から小さな子衛星（衝突体）を分離するといった不自然な動きをシナ衛星が示せば、たちどころに視覚的に把握されてしまうのだ。

他方、シナ軍の方は、米軍衛星が地球の裏側でちょっと軌道を変更するだけで、ターゲットを見失ってしまいかねない。

米空軍は、高度四八〇キロメートルより低い高度の敵衛星に対しては、F－15戦闘機が急上昇しながら発射する「MHV」という自動追尾ミサイルを届かせて撃破してしまえることは、一九八五年九月十三日に実証されている。

さらに二〇〇八年二月二十一日には、イージス巡洋艦から打ち上げるMD《ミサイルディフェンス》用の「SM－3」対空ミサイルによって、高度二二〇キロメートル（一説に二四七キロメートルだったという）の低軌道衛星（もっと高い軌道にあった「Lacrosse」レーダー衛星が機能麻痺して高度が下がってきたもので、重さ一五トン以上もあるためスペースシャトルで持ち帰ることもできず、さりとて緩慢な墜落にまかせれば、燃え残りを他国に拾われて重大な技術情報が拡散するおそれがあった）を破壊できることも、米海軍によって誇示された。

中共軍が二〇〇七年一月十一日に、高度八五〇キロメートルを周回していた故障衛星（気象衛星）を、地上から大型宇宙ロケットで打ち上げた「キラー衛星」を衝突させることで粉砕してみせたデモンストレーションに対する、それは返答であったが、同時にまた、将来、中共のICBMが米本土に向けて発射されても、それを米国は迎撃できるようになるぞという心理的揺さぶりでもあった。

中共軍が「キラー衛星」を打ち上げるのに必要な大型ロケットは、有事には使えない。なぜなら、米軍はすぐ、シナ奥地の宇宙基地も、巡航ミサイルで制圧してしまうからだ。それに対して、全地球的に展開した米軍のイージス艦やF－15の活動は、米支開戦後も、シナ軍からは邪魔はされぬはずである。

シナ軍はこの不利な立場を自認するがゆえに、対米開戦は〈真珠湾スタイル〉の「奇襲開戦」でなければ勝算がないと計算しているはずだ。

米軍は「パラサイト衛星」にも対策済み

中共は、高度八五〇キロメートル前後の軌道の外国の衛星に自国の衛星を衝突させて破壊する技術を持っていることを二〇〇七年に誇示した。この技術は、特別なものではない。過去に軌道上で二機の飛翔体を「ランデヴー」させたことのある国ならば、衝突衛星による他国の衛星破壊は簡単である。

日本もやられそうになったことがある。二〇一一年三月のこと、三万六〇〇〇キロメートルの静止軌道に占位しているJAXAの人工衛星に、ロシアの軍事通信衛星「ラドゥガ1－7」(二〇〇九年打ち上げ)が強引ににじり寄ってきて、衝突の危険が生じたために、JAXAの衛星が二機、仕方なく元から占めていた場所を明け渡したという事件があった。宇宙では、「同害報復能力」がなかったり、その意思力の弱いヘタレ政治家しかいない国は、こういうことをやられても「泣き寝入り」するしかないのだ。

かつて自民党政権の末期、北朝鮮を監視するため、DSP(静止軌道から、地上のミサイル発射時の赤外線を探知して警報を出す米軍の衛星)の日本版を打ち上げようじゃないかとの提案が出てきたことがある。これだって、シナやロシアから宇宙空間で妨害や攻撃を受けたときに、それに即時に「仕返し」で報いる喧嘩の覚悟が日本政府になかったならば、宇宙で「いじめ」を仕掛けられて、たちまち涙目でひきこもるしかない話なのだ。宇宙は、中学校のホームルームではない。（この話は大事なので、Ⅳ章でも取り上げよう。）

米空軍とNRO（国家偵察局。スパイ衛星を運用する）が特に警戒しているシナ軍のASAT（対衛星攻撃）戦法は、あらかじめ中くらいの高度の軌道に、無害な衛星を装った「自爆機」を周回させておいて、対米開戦の直前もしくは直後に、そこから軌道をポップアップさせ、静止軌道（高度三万六〇〇〇キロメートル）の米国の重要衛星に激突させるというものだ。静止軌道の衛星は、代替機を投入して業務を引き継がせるのに、最速でも数カ月かかる。おそらく戦争の終了までには間に合わないだろう。いうならば、日本軍が、真珠湾で米空母三隻ぜんぶをいきなり撃沈して、昭和十八年まで『エセックス』級を量産できない米国を都合よく屈服させてしまう——ような「図」が描けるわけだ。

このほか、「パラサイト衛星」というのも考えられている。敵の周回衛星の近似軌道に小さな自爆衛星を併走させておいて、有事にちょっとコースを変えて衝突させてやる方法だ。

こうしたシナ軍の企図を見顕わすべく、米軍は世界各地に巨大な「Xバンド・レーダー」や望遠鏡を置いてデブリ（宇宙のゴミ）すべてを監視しているほか、「Ｍｉｔｅｘ」衛星という、双子の〈私服刑事衛星〉も静止軌道に打ち上げてある。この二人組は、静止はしないでうろつきまわり、怪しい挙動の他の衛星が立ち回っていないかどうか、二機のステレオ監視でチェックし、疑わしい衛星や、突然故障してしまった米国衛星には、グッと近寄ってカメラ撮影もするという。

ASATには、衛星からマイクロ波やレーザーなどのビームを敵衛星に近距離から浴びせかけて故障させる方法や、「機関砲」（ソ連の初期の宇宙ステーションには二三ミリ自動砲が持ち込まれていた）を使うことも考えられるので、接写によって故障原因を明らかにする必要があるのだ。

シナ軍がこうした宇宙戦争を企図し遂行するためには、やはり全地球的な衛星観測拠点は不可欠である。シナが地球の裏側のブラジルに陸地観測衛星などをプレゼントしたり、ヴェネズエラやボリビアに軍事援助をして、その見返りに衛星追跡用の地上局を置かせてもらおうと、あれこれ働きかけている（ボリビアに対しては二〇一〇年から）のも、地下資源のみが目的ではないのだ。

グァム島周辺の海底ケーブルはトロール漁船が切断する

衛星通信が発達しても、大容量のデジタル信号が高速で届く海底通信ケーブル（いまは多くは光ファイバー）の意義は廃《すた》れることはない。日本の場合、たとえば二宮からグァム島へ、熊本から上海へ、直江津からナホトカへ、浜田から釜山へ、沖縄からグァムへ、沖縄から台湾へ、そして沖縄からフィリピンへ、といったふうに、海底ケーブルが四通八達している。

そして、沖縄以上に海底ケーブルの濃密な結節点となっている場所が、米領の「グァム島」だ。

日本の二宮、沖縄からのほか、ハワイ、フィリピン、豪州、香港、台湾からも、海底ケーブルがグァム島へは集中している。

このグァム島が、どうやら西太平洋の米軍の指揮通信センターらしいことは、したがって国際電話の業界では、大昔から歴然たるものがあった。海底ケーブルの地図を描けば、ハワイ∨グァム∨沖縄という「序列」は明瞭である。最前線の沖縄は、あくまでグァムから指揮を受けるポジションではあり得ても、指揮を執るポジションではない。海兵隊の司令部機能が沖縄からグァムに移るのも自然なのであって、いままで沖縄に司令部があったことの方が不自然だったのである（その理由が日本政府のカネであることについては『日本人が知らない軍事学の常識』を参照されたし）。

第一次大戦いらい、開戦と同時に、海軍が敵性海底ケーブルを切断してしまうのは常識になっている（この常識を知らなかった旧日本海軍は、ミッドウェー島につながっていた海底ケーブルを切断しないで放置。そのためアンテナでは傍受できぬ秘密の相談が進められ、南雲艦隊は余裕をもって待ち構えられてしまった）。

とうぜん、シナ潜水艦やトロール漁船は、開戦と同時にこれらのケーブルを切断すると思わねばならない。大馬力のトロール漁船は、わざと碇を引きずることで、海底ケーブルや海底設置式ソナーの電纜《でんらん》（これも最新型は光ファイバー化しており、電源はノイズのない電池式）を切断することができる。

二〇一〇年時点で、米国と海外の主要な地域とのデータ通信は、九九パーセント以上、海底の光ケーブルを経由してやりとりされているそうだ。通信衛星もあるけれども、それは、軍などの特殊ユーザーが、高コストを承知で使うものなのだ。

光海底ケーブルは、世界の中でも特に、マラッカ海峡、ルソン海峡（台湾と比島のあいだ）、スエズ運河に密集しており、この三カ所で切断破壊工作が成功すれば、世界の通信は、途絶こそしないものの、データ送受のスピードがガックリと遅くなってしまうはずである。大量の画像データをハンドルすることの多い米軍には、不利な話だろう。

ミサイル発射早期警報系に対する破壊工作

シナ軍がグァム島の基地機能を妨害してやれる手段としては、シナ本土の陸上から発射する中距離弾道ミサイルが、最も頼れるものである。巡航ミサイルは、途中で撃墜されてしまう確率が高いのだ。

かたや米軍としては、シナ軍が弾道弾を発射したなら、すぐに絶東全域の米軍基地や米軍艦隊に速報ができなければならない。ミサイル発射時に特有な赤外線の輻射《ふくしゃ》を見張り、警報する専門の衛星を、このために米軍は複数、運用している。

シナ軍としては、このような米国のＩＳＲ資産も「目の上のコブ」であるから、できれば開戦劈頭で破壊してやりたいと念願しているだろう。

湾岸戦争で、イラク軍の「スカッド」短距離地対地弾道弾の発射を探知するのに活躍して有名になった米軍の静止軌道衛星がＤＳＰ（Defense Support Program というソ連のスパイを韜晦《とうかい》する無意味な開発名称が付与され、それが正式名にもなった）だった。

対ソ冷戦時代の初期、米国は、アリューシャン列島などに、大型対空レーダーのチェーンを構築していた。ＢＭＥＷＳ（Ballistic Missile Early Warning System）と呼ばれた。

しかし一九七〇年代に、ソ連もＳＬＢＭを実用化したので、北極海の一方向だけを見張るシステムではもう万全ではなくなった。あらたに全地球的に海面までも監視ができるシステムとして、ＤＳＰが計画された次第だ。

ＤＳＰは二〇〇七年までに計二十三機が打ち上げられ、その一部がまだ現役だ。

二〇一一年以降は、ＤＳＰの後継として、ＳＢＩＲＳ（Space-Based Infrared System）が整備されつつある。ＳＢＩＲＳは、二十二機の低軌道周回衛星と二機の極軌道衛星と四機の静止軌道衛星からなる。センサーは、短赤外線と中赤外線で、雲などの「透過力」が高い。しかもスキャン（走査）がより高速にされ、赤外線輝点の挙動から、いちはやく着弾点までも予測しやすくなっている。

スパイ衛星に加えて、こうしたロケット発射監視衛星が米軍側に充実していると、シナ軍の地対地ミサイル部隊が、逆に開戦劈頭で米軍による急襲を食らい、壊滅させられるのではないかという懸念を、合理的判断力をもつシナ軍参謀ならば、抱くであろう。「グァム島制圧」どころか、台湾制圧すら満足にできぬうちに、シナ軍のミサイル部隊の方が潰えてしまう。

米軍としても、「シナ軍の地対地ミサイルさえ掃滅《そうめつ》してしまえば、残余の通常兵器で特に厄介なものはなく、一方的に空からシナ軍を叩き放題になる。そうなったら、いよいよ二〇一一年のリビアの再現だ」と胸算しているはずだ。カダフィ大佐と同じ運命をたどりたくない中共上層部としては、DSPやSBIRSを放置しておけない。「キラー衛星」か「ウィルス」を使って、なんとか奇襲的に無力化できないか、手下の各部門に研究を依頼しているにちがいない。

AWACS機の駐機場等に対する各種攻撃

シナ軍の弾道弾や巡航ミサイルについて早期警報を出す役目のISR資産は、衛星だけにかぎらない。

嘉手納《かでな》基地にある米空軍のAWACS機（空飛ぶレーダー）や、豪州北部にあるOTH（超水平線）レーダー・チェーンも、シナ軍としては、なんとか無力化してやりたいと念じている「邪魔者」だ。

これらと比べ、日本の航空自衛隊のレーダー・サイトやAWACS機は、（海自のイージス艦と違って）米軍との高度のデータ・リンクは結ばれていないので、米軍にとって豪州のＯＴＨほど重要でもなく、したがってシナ軍にとっても、破壊目標としての優先順位は低かろうと考えられる。

いよいよ対支戦争となったときに、嘉手納の米空軍のＡＷＡＣＳ部隊（それには地上整備員もセットで含まれる）が、ひきつづいて嘉手納に拠点を置き続けるつもりなのかどうかは、わからない。近年の米空軍の各部隊は、整備員ごとの「基地引っ越し」は、いつでもどこへでもすぐにできるようにしているはずだ。弾道弾があまりに執拗に落下し続けるようならば、拠点を漸次、横田基地、硫黄島、グァム島など、遠方へ下げることとなろう。

ただし、パトロール空域（嘉手納のＡＷＡＣＳは、在韓米空軍と韓国空軍をも指揮する任務がある）への往復に何時間もかかってしまうようになると、「常続監視」の運用上、空中での交替機へのバトンタッチがせわしくなって乗員の疲労度が高まり、いろいろと面白くない。できれば東シナ海からは遠ざかりたくないというのが本音だろう。

基地疎開を迫られてしまうかどうかは、ひとえに、味方の米軍（空軍だけでなく海軍の所属機や巡航ミサイル等も関与する）がシナ本土の戦術ミサイル部隊を早期に覆滅できるかどうか、の見込みにかかっている。

長射程の空対空ミサイルでＡＷＡＣＳを撃墜してしまえれば、シナ軍としては万々歳にちがいない。が、それはすこぶるハードルが高い。まず発射母機が先に、米空軍のＦ－15（もちろんＡＷＡＣＳの指揮下にある）から放たれる空対空ミサイルによって返り討ちに遭うだけだろう、と予想されている。

くやしいのでシナ空軍は、米軍のＡＷＡＣＳではなくて、ＡＷＡＣＳよりもいっそう鈍重でしかも電子機材による自衛力はないに等しい「空中給油機」を狙ってくるのではないか、とも米軍は見ている。空中給油機が追い払われてしまうと、米軍の戦闘攻撃機は、じきに陸上基地まで引き返さなくてはならなくなるので、たしかに、空からシナ軍にかけ得る圧力は全般に低調化せざるを得ない。

シナ軍は、弾道弾以外にも、米軍のＡＷＡＣＳの仕事を妨害する手段を擁している。そのひとつは、沖縄の住民を煽動して、嘉手納基地へ乱入させることだ。もちろん住民たちに混じり、ホンモノのシナ軍人（便衣《べんい》つまり平服で、武器は周囲の日本人や朝鮮人に渡して使わせる）や、破壊活動の専門職（やはり便衣で、時限爆弾等の素材を所持）、中共の息のかかった日本人運動員（煽動担当だが、その場のノリでシナ人から武器を渡されて囮《おとり》に仕立てられることもある）も混じっているだろう。

米空軍としては、殺傷威力の低い暴徒撃退手段（音響や、皮下神経に高熱を感じさせるだけで火傷は負わせない電磁波などを用いた各種の機材がある）と小銃による実弾射撃を組み合わせて制圧することは容易でも、親文で知られた地元マスコミは騒ぎを大きくしようと図ることであろう。

ちなみに日本の航空自衛隊も、Ｅ－３というＡＷＡＣＳを有し、それは、全機が静岡県の浜松航空基地で整備されている。つねに、浜松から発進して、浜松に帰ってくる。それはかまわないのだが、浜松基地は嘉手納飛行場とは比べものにならぬほど狭い。基地の外柵には常時カメラ小僧がたむろしている。そして自家用車の上に三脚を置いたりして、てんでに望遠カメラでE－3を撮影している。いま、どの機が地上にいて、どの機が飛行中であるのかは、リアルタイムで一目瞭然だ。

まあ、常時一機が仕事をしていればよい世界なので、たいていはそれで問題ないのだが、この浜松基地には、柵に破れ目があってもすぐには気づかぬような、警戒のゆる～い空気が漂っているのが、考えさせられる。先にも述べた如く、空自は海自と違って、米軍とのあいだの高度な通信リンクをもっていない。指揮所こそ、同じ場所（いまは横田）にあるが、電子的に米軍と一体ではない。有事に空自のAWACSがテロリストに爆破されようが、米軍はそんなに困らない。それが、空気に反映されているわけだ。

これと趣《おもむき》の違う、米国の同盟国のISR資産は、豪州北部にあるOTH（超水平線）レーダだろう。「Jindalee Operational Radar Network」と呼ばれ、三つの基地が並んでいる。「灯台下暗《もと》し」で、短波の電離層反射を利用するために直近の八〇〇キロメートルまでは何も映らないのだが、八〇〇キロメートル以遠、三〇〇〇キロメートル未満（天候によって調子の良し悪しがあるという）の舟艇や航空機の動きなら、反射信号のドップラー遷移を頼りに、あぶり出すことができる。つまり、島などの動かない物はノイズとして消し、動いている物だけを、数学的信号処理によって浮かび上がらせることができるのだ。

ふだんは商船も軍艦も用などない広い海域というものが、世界のあちこちにはある。平時からそんなところを監視しようとすれば、大変な作業となる。だが、もし有事にコッソリと敵軍が忍び寄ってきて、フリーマントルやパラオやマリアナにたまたま所在する米空母を襲撃されては困る。それで米国がシナ軍の動静監視用として、豪州軍名義でこのレーダー施設を展開してもらい、大いに利用していると考えられる。シナ人としても、工作員を使ってその機能をダウンさせる方法を、鋭意研究中だろう。日本の浜松基地などとは違って警備も相当に厳重であろう。

米国による「挑発」は空母を囮《おとり》に使う

米支対立が昂じてくると、米国大統領も、「どうせなら……」というので、次の選挙でじぶんの有利になるような「開戦」のタイミングを欲するようにもなるだろう。

大統領に戦争指揮上の大幅なフリーハンドが授権される空気ができるような、米国のお茶の間大衆にとってかなり衝撃的である先制攻撃が、シナ側から仕掛けられるというのが、まず理想的である。

が、そのためには、さいしょに米軍の方から大きな隙を見せなければならない。これが米国人の本性に反するので、難問となる。

ＩＳＲをはじめ、あらゆる軍事分野で米軍に劣っているシナ軍は、米空母を一方的に撃破してもよい稀なチャンスを与えられれば、それが、あらがいがたい誘惑となってしまうかもしれない。

どうせ対米開戦するのだったら、米空母が絶東のどこかの港でのんびり碇泊しているところを「開戦奇襲」――戦争状態に移行すると同時の奇襲――してやるのがいちばん得だ。平時から戦時へ切り替わる第一撃として、米空母を撃破できたら……。

各国の諸港の埠頭や岸壁や桟橋や繋留《けいりゅう》ブイは、ＧＰＳ座標が既知である。港に放ったスパイによって、ある米空母が、まさにいま、絶東のどこかのバースに接岸していると知られれば、そこを狙って「弾道ミサイル」を発射するのは簡単なこと。距離二〇〇〇キロメートル以内なら、ごくわずかな確率ながら、直撃も期待できるだろう。横須賀は、シナ本土から二〇〇〇キロメートル圏内にある。発射から着弾まで、十数分だ。

もちろん、弾道弾に装着する弾頭部は、クラスター（集束爆弾）か核でなくば、米空母にカスリ傷も与えられはしまい。しかし「非核」の単弾頭でも、もし逸《そ》れダマが横須賀の港町に落下したり浦賀水道に水柱をあげれば、世界は大騒ぎとなるにちがいない。危ないからというので、横浜港にも東京港にも千葉港にも、タンカーや鉱石運搬船が入ってこられなくなるだろう（東京湾のゲートである浦賀水道は横須賀沖とイコールである）。

米国大統領としては、「シナ本土から一〇〇〇キロメートル以上離れている空母が、たとい碇泊中であっても、シナ軍の弾道ミサイルに被弾することはまずないというアドバイスを前もって軍から受けていた」と、ホワイトハウスの報道官に語らせるだけで、万が一、被弾による人的損害が生じてしまっても、責任追及をかわすことができる。一八三六年に「アラモ砦」がアメリカ人の無謀さゆえにメキシコ軍によって全滅させられたのとは、ぜんぜんわけあいが違う。

現実的には、シナ本土から二〇〇〇キロメートル以上も離れたら、弾頭をクラスターにしようと、シナ製の中距離弾道ミサイルによって碇泊中の米空母の甲板を捕捉できる確率は限りなくゼロに近い。だからシナ本土の海岸線から測って三〇〇〇キロメートルも離れているグァム島のアプラ港は、核弾頭で攻撃されないかぎり、ミサイルに関して十分に安全である。アプラ港よりもさらに遠い、豪州のダーウィン港（シナ本土の海岸線から四三〇〇キロメートル）ならなお然り。もちろん米海軍は、グァム島が核攻撃される場合も考えているけれども……。

常識として、ISR能力で優った米国は、あえてそれを囮としてシナ政府に開戦を促すという意図でもないかぎりは、シナ政府との関係が緊張したり、シナ軍に不穏な動きが見えたのち、いつまでも空母を絶東の港で休息させていたりはしない。「大至急、出港して行方をくらませ」と命令するであろう（上陸休暇中で、出港に間に合わなかった水兵や士官らを、あとから空母に追及させる方法も、複数あり）。

米国政府は、シナ軍に先に手を出させての開戦を誘いかける方法として、空母を、横須賀よりもっとシナに近い軍港（たとえば佐世保沖）に投錨させておくという手管も、使える。ちなみに佐世保は、大型空母を修理できるドックがないだけでなく、浚渫《しゅんせつ》が不十分で大型艦を岸壁に着けることすらできないので、米空母にとっては、ふだんは用がない場所である。

3　航空戦の様相

中共軍は弾道弾によって米空軍と戦う

中共軍は、朝鮮戦争では米軍に七十万人以上も殺され、ベトナム戦争では北ベトナム兵に変装して対空砲塁を守って米軍爆撃機と死闘し、湾岸戦争では米機がおびただしい数のシナ製装甲車を瞬く間に黒焦げのスクラップの山にした映像を見せられ、コソヴォでは「B－2」ステルス爆撃機からのGPS誘導爆弾を現地シナ大使館に一発、御見舞い申された。

中共指導部は、第二次大戦中から、こんにちまで一貫して、米軍、ことにその空軍の威力を、下算《げさん》していない。湾岸戦争以降は、正当に畏怖している。

そこで中共軍人の念頭を夢寐《むび》にも去らぬ重要課題は、「米軍の航空優勢をいかに減殺《げんさい》・掣肘《せいちゅう》できるか」である。

じつは、そんなときの役に少しは立つかもしれない……と期待するからこそ、北朝鮮のような厄介な子分も見捨てずに面倒をみているのだ。北朝鮮軍の弾道弾が韓国や日本の航空基地を攻撃して、米軍の注意や反撃力を吸引してくれれば、他方面で作戦するシナ軍にとっては、ものすごくありがたいわけである。

米空軍の実力を過小評価する誤りを、中共指導者層は犯さない。彼らは、米空軍に勝負を挑んだりはしない。堂々の決闘を挑めば瞬殺されることは理解できているのだ。しかし、何らかの方法を工夫することで、米空軍の行動を阻害し、航空作戦の効果を減殺することはできる。そこに彼らは資源と努力を集中しようとしている。

最も頼りになるのは、シナ本土から発射して、沖縄やフィリピンの軍民飛行場まで届く、地対地弾道弾である。これは事実上、迎撃されない。そこが貴重なのだ。

たしかに米軍には、飛行基地を敵の弾道弾や巡航ミサイルから守る「ペトリオットPAC－3」という地対空ミサイルがある。が、これは弾道弾迎撃に関しては百発百中からはほど遠い。しかも、絶東《ぜつとう》のすべての飛行場に展開できるほどのユニット数もない（そんなに増やすのは無駄だろうと米軍も計算しているのだ）。中共軍は、飛行場攻撃用の弾道弾の弾頭を、クラスター（子弾集束型）にしてくるはずだ。落下の途中から数百発の子弾にバラけて降ってくる弾頭に対しては、「二の矢」（基地の防禦ミサイルの初弾が外れたときの、より低高度での再度の迎撃試行）が効かない。そして投網がかかるように着弾して炸裂した数百発の子弾が広い滑走路上に撒き散らかしたコンクリート片や土砂が、わずかでもまだ片付けられずに残っているあいだは、米軍はジェット機を運用することを躊躇せざるを得ない。滑走中にエンジンの吸気口から異物を吸い込むと高価なタービン・コンプレッサーのブレードが傷つき、危険なミッション・フライトからの生還がおぼつかなくなるからだ。だから現代の空軍基地は、ひとつの小石すら、滑走路上に存在することを厭うのである。

つまり、米空軍の活動を止めるためには、航空基地に駐機中の米軍機に弾道ミサイルを直撃させる必要はないし、滑走路の真ん中に大穴を開ける必要もない。滑走路の周辺で多数炸裂した子弾が跳ね飛ばしたコンクリート片や土砂や、ミサイル本体の金属片などが滑走路上に雨下すれば、ほぼ、目的は達成されるのだ。

もちろんそうしたガレキは航空基地の兵隊によってすみやかに除去清掃されるだろう。しかし、中共軍は、その清掃作業が終わる直前頃に、また次の弾道ミサイルを発射することができる。数分から数十分のインターバルで執拗に弾道弾が発射され、それが次々と同じ飛行場に向かって飛来するかぎり、その航空基地の機能は、実質、麻痺させられ続ける。

この不都合な事態を米空軍が回避する方法はふたつ。航空基地機能の極限までの分散と、イラクで「スカッド狩り」をしたような、シナ本土の弾道ミサイル発射車両に対する積極的反撃である。

中共軍は巡航ミサイルによっても米空軍と戦う

射程の長い巡航ミサイルを、水上艦船、潜水艦、航空機、および陸上の車両から発射することによっても、シナ軍は絶東の米軍航空基地の機能を妨害してやることができる。

しかし低速の巡航ミサイルは、先進国軍隊にとっては、比較的に撃墜しやすい飛翔体だ。

米空軍の外郭団体的な性格のある「RAND研究所」が、一九九九年にまとめたリポートによれば、〈海外の米空軍基地を敵の弾道ミサイルから防禦するのは、コストがかかりすぎて非現実的であるが、巡航ミサイルならば、GPSジャミング装置と、航空基地の周囲に高さ三〇メートルの鉄塔を十二基建てて、その上にレーダー照準式の高射機関砲を据えておくだけでも、防禦はできる〉そうだ。

そしてその後、嘉手納の米空軍は、「新世代のAESAレーダーを搭載した古いF-15戦闘機」から発射する長射程の撃ち放し式空対空ミサイルにより、シナ軍の巡航ミサイルをはるか洋上で撃墜してしまえる自信をもつに至った。

高速（超音速）の巡航ミサイルは、迎撃のハードルがやや高くなるが、速度に反比例して射程は短い（トレード・オフの関係にある）ことを考えると、それを発射するプラットフォーム（航空機や軍艦）が米軍基地に接近することが、そもそも至難であろう。

参考までに、ロシア製の最新式の対艦巡航ミサイル「3K14」は、弾頭重量四〇〇キログラムで、最大射程三〇〇キロメートルだが、目標の手前一五キロメートルで高度は三二メートルという海面スレスレになり、補助ロケットで増速して目標まで二十秒で達するという。

もちろん、米支の正式開戦後となれば、反対に米軍の多数の巡航ミサイルが、シナ軍の飛行場や軍港やISR施設を一斉に襲う。シナ軍の航空機や軍艦は、即日スクラップ化し、巡航ミサイルを運用するプラットフォームがなくなってしまうだろう。

昔のシナは、自国内に「聖域」をつくれるほどに、国土の広大を誇ることができたのだが、いまや地球は狭くなった。

たとえば新疆《しんきょう》地区のシナ軍施設に対しては、グァム島からだけでなく、欧州NATO軍の空軍基地や中東・中央アジアの基地からも米軍機が発進して、カザフスタンもしくはロシアの上空から巡航ミサイルを発射するであろう。じつは、グァム島から新疆地区までの距離と、ロンドンから新疆地区までの距離には、大差がない。

ロシアが米支戦争で米側につくと(その可能性は高いけれども、タイミングは大勢が決したあとだ)、米軍はモンゴル領土にアクセスすることが容易になり、中共側には「終わりの始まり」が意識されるだろう。

中共の水爆弾頭貯蔵施設は、陝西《せんせい》省の地下トンネルにある。ここがモンゴル国内に基地を借りた米軍機によって空から制圧されるようになると、もはや核反撃のオプションも不可能である。

同盟国の飛行場はどう利用されるか

フィリピン政府が、米支開戦の前からクラーク飛行基地を米空軍に臨機に提供することは、国内世論の関係で、難しいだろうと思われていたが、二〇一二年のスカボロー礁などをめぐるシナ側のイヤガラセが高じたため、同年六月までに、随時の提供を再開することがほとんど既定の事実のようになってしまったのには、中共軍も驚いたことだろう。

他方、マニラ湾のスビック海軍基地にはすでに米海軍の魚雷戦型原潜が寄港を再開しており、隣接したキュービポイント飛行場にかぎれば、開戦前から米海軍や海兵隊の航空部隊が使えることは確定している。

タイにある海軍航空基地であるウタパオ飛行場にも、米海軍のスタッフが平時から常駐しているから、有事には適宜に米軍が利用できるであろう。

おそらくクラーク飛行場と、キュービポイントと、沖縄県の嘉手納基地、および韓国内の主な飛行場には、米支開戦と同時に、弾道弾が降ってくるだろう。

中共にとっての長期的な主関心方面は、石油の島・ボルネオ島を見据えた南シナ海戦域である。台湾以北の東シナ海戦域などではない。しかし古来常套《じょうとう》の「声東撃西」の兵法に倣《なら》い、あえて北朝鮮軍をして、韓国や九州の軍民飛行場に向けて派手に弾道弾を発射させて、米軍の注意を南シナ海からそらそうとする陽動作戦もあり得る。

特に、山口県の岩国基地（米海兵隊航空隊が常駐し、米海軍の空母機が訓練に利用する。半島作戦用の大きな弾薬庫も併設。目と鼻の先には広島市と呉軍港がある）を中共がミサイル攻撃すれば、「シナがヒロシマを攻撃したぞ」と米国が国際宣伝に利用することが大いに考えられるので、北京としては、岩国攻撃だけは北朝鮮軍に任せたいと思うかもしれない。

米支開戦後となれば、フィリピンでも日本でも韓国でも、軍用飛行場のみならず、民間用の飛行場まですべて、米軍の利用のために開放する（そのような正式の協定が日米間には結ばれている。しかし、格別協定など存在しなくとも、有事には日本は一夜にして「何でもアリ」になる国だとの定評を、北京も知っていよう）。

もし中共軍が台湾に向けて弾道弾を撃ち込む事態となれば、台湾本島の各所にも米軍の一部が展開するだろう。それは中共には著しく不利な事態なので、台湾にだけはあえて実弾を撃ち込まない選択もある。その場合、中共は、台湾人を尖閣工作の尖兵にするというオプションを活かすこともできる。

米空軍は、対支開戦冒頭から、敵陣営の弾道弾の数が減るまでのしばらくのあいだ、航空機材の「疎開」に努めるだろう。テニアン島やパラオ諸島の簡易飛行場の名がすでに挙がっている。おそらく嘉手納などは開戦直後から数日間は、ガラガラになるはずだ。

嘉手納基地に常駐させているＡＷＡＣＳ部隊（中共軍が最も破壊したく念じているＩＳＲ）は、横田基地か、あるいは硫黄島、グァム、パラオ、ダーウィン（北豪）のどこかへ一時的に後退するだろう。が、一週間もすればシナ軍の弾道弾も尽きるので、クラーク基地か横田基地へまた前進してくるかもしれない。米空軍部隊は、どこの基地へでも整備兵ごと引っ越しができるように、日頃から訓練は積んでいる。

グァム島にはどのような空襲があるか

シナ本土の海岸線からグァム島までの距離は、最短でちょうど三〇〇〇キロメートルだが、大型運搬車に搭載した中距離弾道弾を、すっかり都市化のすすんだシナの海浜近くまで引っぱりだしては、あまりに人の目（スパイの目）に立ち、発射の前に通報されて米軍から空爆されるおそれも大だから、シナ軍は、できれば三〇〇〇キロメートルほど内陸から発射しようと考えるだろう。

つまり三三〇〇キロメートルも飛翔させねばならないわけで、このような本格的な中距離弾道弾を、金満国シナといえども平時から何百発も整備しておけるものではない。

ここで「大衆のスパイ化」について横道の解説をしておく。

米軍は、「ツイッター」などのソーシャル・メディアから特定キーワードを含む情報だけを掬い取るソフトを開発しており、これを使うと、シナ大衆そのものを「米軍の目」にできると考えているのだ。この可能性に気づかされたきっかけは、二〇一一年八月に首都ワシントン近くで起きたマグニチュード5・9の地震だった。なんと一秒間に七五〇〇件のペースで住民がツイッターに現況を書き込み、それが地震波よりも早くニューヨーク市の住民に閲覧されたという。足元が揺れ出す前に地震が速報されたわけだ。

シナではツイッターは禁止なのだけれども、ツイッターやフェイスブックの機能を模した、一国内完結の短文投稿型ソーシャル・メディア「微博（博は「ブログ」の当て字）」ならば複数、存在を許されている。行政や軍にとって不快な書き込みは見つかりしだいに削除されてしまうのだが、匿名で書き込む行為じたいは禁止ではない。となれば、沿岸部の住民が、六〜八トンもある巨大な中距離弾道弾を目撃すれば、つい、それについて携帯電話から書き込みをする者もいるだろう。米軍はそれが削除される前に片端から保存し、あとでスクリーニングして有益情報だけを取り出して参考資料にできる。

Ｂ－52、Ｂ－1、Ｂ－2といった米軍の長距離作戦機が随時に展開し、高高度無人偵察機の「グローバルホーク」なども常駐するグァム島のアンダーセン空軍基地を制圧するため、シナ軍が発射する中距離弾道ミサイルの弾頭は、最大二・二トンのクラスター（集束子弾）になっているだろう。

子弾一発の破壊力（特に地下侵徹力）は、たいしたことがない。米空軍は、格納庫・燃料庫・弾薬庫を強化コンクリートで防弾化したり、地下化する工事を進めており、それによってシナ軍のミサイル空襲はしのげると考えている。その子弾に毒ガスが充填されていた場合の訓練も、グァム基地では、おこたりなく反復実施している。

ただ参考までに、昭和二十年十一月に海軍大佐の源田實が、〈昭和二十年四月の九州の航空基地に対するB－29空襲は、爆弾の中にタイマー信管付きのものが混ざっていたために、苦しめられた〉と、米軍の調査訊問に答えていることを、紹介しておこう。敵機が去って、滑走路を再開しようと地下壕から兵隊が出てきたところで、時限爆弾が轟爆し、それがあと何発残っているのか見当もつかないのでは、作業にならないわけである。こうした「長延時信管」付きの爆弾は、B－29が朝鮮戦争でも投下しているから、その効果はシナ軍も知っていよう。

グァム島への飛来が予想されるミサイルの種類について、二〇〇九年の米海軍大学校の研究では「東風3」が挙げられていたが、同弾道弾は最大射程が二八〇〇キロメートルと伝えられるので、「東風4」の間違いであろう。

一九八〇年に実用段階に入った「東風4」は射程が四七五〇キロメートルあるといい、これなら豪州のダーウィン市にもギリギリ届くわけである。ちなみに一九八〇年には、対米用ＩＣＢＭのテスト発射が、フィジー諸島海域に向けて行なわれて、成功した。

読者は、第二次大戦中のB－29が一機で二トン以上もの爆弾を、日本の大都市、中小都市、大工場などにバラ撒いたパフォーマンスがどの程度のものだったかを想起するとよい（いちおう参考までに。一九四五年三月九日のからっ風の夜、焼夷弾六トンを積んだ二百七十九機のB－29が東京下町の密集した木造民家を燃やし尽くしたときは十万人が死んだ）。

これに対して今のシナ軍は、三〇〇〇キロメートル離れたひとつの飛行場に百発の弾道弾を降らせることは決してできないであろう。絶東に制圧すべき敵飛行場はあまりに多く、発射できる中距離弾道弾はあまりに少ないからである。米空軍は、対支戦争がたけなわになれば、タイ国内の空軍基地や、フィリピンのクラーク基地以外の大小滑走路をも借用し、戦力を疎開させるだろう。

米軍はルソン島のクラーク基地を一九九二年十一月に放棄しているのだが、その後もときどき、目立たぬように利用していたようである。フィリピン大統領が親支派から親米派（米陸軍への留学歴あり）に代わったことで、米比関係も好転している。クラーク基地からは第二次大戦後、表面を黒く塗ったB－29重爆が、シナ奥地への偵察飛行を実施したものであった。朝鮮戦争ではB－29は嘉手納からさかんに発進したが、ベトナム戦争ではB－57がまたクラークから航空支援した。だからシナ軍は、クラーク基地を非核弾頭の「東風3」で狙っていた。

しかしけっきょく、クラークから米空軍を追い出したのは「東風3」の圧力ではなかった。一九九一年のピナトゥボ火山の大噴火（ジェットエンジンが空中の微細な灰を吸い込むと、それが燃焼室内でガラス化して各部にこびりつき、高額なエンジンまるごと廃品にしてしまう）に加え、フィリピン政府と議会に反米派（親支派）が増えて、米国政府に対して法外なレンタル料を要求し出したことが、米軍の嫌気《いやけ》を誘ったのだ。

中共は、嘉手納基地に対しても「間接侵略」方式での米軍追い出しを画策している。しかしグァム島となると、そこはレッキとした米領であり、自治体が反米化することがそもそもあり得ない。

米空軍は「ミサイル基地潰し」を最優先させる

嘉手納基地（沖縄）やアンダーセン基地（グァム島）に展開している絶東の米空軍は、中共空軍がそれらの基地を制圧する手段としては、地対地弾道ミサイルか、巡航ミサイルか、「テロ」か「住民煽動」しかないことを承知している。

巡航ミサイルは、シナ軍の潜水艦からも発射できる。けれども、シナ軍の稼働率の低い潜水艦は、貴重かつ稀少な作戦資源だ。となると、使用目的は、よほど厳選されねばなるまい。

開戦後には他の手段によっての攻撃がほとんど不可能になるにちがいないような米軍基地、すなわち嘉手納よりもはるか遠方に位置するグァム島やダーウィン（豪州）の航空基地に対して、開戦劈頭に近海から奇襲的に巡航ミサイルを発射する役目を、それら潜水艦は負わされるであろう。もちろん、発射後の撃沈は免れない（自艦の位置がバレてしまうので）。だから、巡航ミサイルの発射の前には、機雷敷設も済ませておくはずだ。

米空軍は、遠くから基地めがけて飛来する巡航ミサイルを、F－15によって洋上で迎撃する訓練を平時から積んでいる。エレメンドルフ（アラスカ）基地と嘉手納基地のF－15は、その任務に特化している。もちろん、機関砲を当てるのではない。射程の長い、射ち放し式の空対空ミサイルを使うのだ。同時に十数発の敵の巡航ミサイルが飛来しても、特に不安はない。

ただし、ごく近海から発射されると、Ｆ－15の途中邀撃《ようげき》は間に合わない。

そこで、米空軍基地には、巡航ミサイルを撃墜できるように改善した「ペトリオット」地対空ミサイル（これは日本とは違い、陸軍が運用担当）も展開される。

4　機雷戦の様相

機雷によって中共は亡びるだろう

南洋委任統治領を抱えて版図が最大化した両大戦間期の日本帝国が、米英海軍との海上決戦ではなくて、海上輸送（内地や大陸からの重要島嶼《とうしょ》方面への軍事輸送と、海外から内地への資源還送、そして内航船）を米軍の攻撃から守れぬことによって全面的に崩壊することになろうとは、帝国海軍選り抜きのエリート参謀の誰一人、予想しなかったことであった。

しかし敗戦後にふりかえったら、これほどあたりまえの話もなかった。嘉永《かえい》六年のペリー艦隊襲来時に、すでに江戸湾入り口でその事態が発生していたではないか。

戦前の日本人インテリの勉強範囲はおそろしく狭く、特に直近の歴史を近未来の教訓とする着意に昏《くら》く、そのため非常時には頼りにしがたかった。

しからば冷戦後のこんにちのシナ人の理性は如何？

まずシナ軍の幹部たちは、「機雷戦」について、以下のことを正しく認識しているようである。

ひとつ。機雷は、仕掛けるのは簡単であり、除去するのは至極難しい。だから米軍すらこれには苦しむ。

ひとつ。機雷にもいろいろあり、安価で原始的な機雷を仕掛けるのには、安価で原始的な方法で可。たとえばシナ海軍が動員できる帆走の漁舟でも、沿岸での機雷敷設ができる。

ひとつ。先端技術を誇る米海軍の原潜も空母艦隊も、いったん機雷が敷設された海域にはただちに接近できない。なぜなら特定海面の入念な掃海には米海軍であろうと何日もかかるうえ、シナ海軍には偽装商船や航空機などを駆使して、そこに追加の機雷を投入する方法もいろいろとあるから。

——以上はまったく正しい。だが、次の「見込み」となると、ほぼ画餅《がべい》に近い。

ひとつ。グァム島のアプラ港やルソン島のマニラ湾等を、対米開戦直前に敷設した機雷で封鎖することができる。また開戦と同時に港内にも機雷を撒いて、米海軍による利用を著しく制限してやれる。

ひとつ。南シナ海への米海軍のアクセスを阻止するため、バラバク海峡やミンドロ海峡等も機雷で封鎖できる。

——以上がなぜ妄想に属するかといえば、それだけの本格的な敵対行動を、いかに偽装しようと、米軍や「反支」の周辺諸国の目から隠しおおせるものではないからだ。

じっさいには、機雷を敷設しようとやってくるシナ船籍の商船や漁船やプレジャーボートや公船（オフィシャル船艇）が、事前の情報にもとづいて臨検・拿捕され、そこから得られた「テロ」の動かぬ物証をもとにさらに厳しい措置がとられて、公船（すべて偽装された「軍艦」にほかならぬ）までも「テロ船」として手当たり次第に撃沈処分されるような結果を招くのみであろう。その結果、米支が本格的に戦闘状態に入る日付が、シナ軍の事前の目論見よりも数日も早くなってしまうというのがオチではなかろうか。

そうなるとシナ軍は、機雷戦を、敵海軍をやっつける「攻撃的」なものから、自国沿岸を守る「防禦的」なものにすぐにシフトしなければならなくなる。

そのなりゆきは、沿岸部住民にとってはことに悲惨だ。なにしろシナ軍の機雷の種類には、違法な「長期浮遊式」も含まれているうえ、繋維《けいい》式や沈底式にしろ、その精確な投入座標を記録するという基礎的な訓練ができていない。

じぶんたちで仕掛けた五万個もの多種多様な機雷の位置がわからないのだ。そして、わかっても除去できない。

シナ海軍の掃海艇は多くが一九五〇年代のソ連のレベルで停止しており、数も少ないうえ、掃海の訓練も熱心に積んでこなかった（もっぱら沿岸警備艇として運用されてきた）。

それでどうなるかは、ふつうの理性の持ち主なら、わかりそうなものだ。対米戦争が終結しても、じぶんたちが仕掛けた機雷によって、シナ経済は明代《みん》に逆戻りしてしまうだろう。

かつて明朝は「倭寇《わこう》」に困って「海禁」国策に踏み切っている。沿岸部への人民の居住そのものを禁じてしまい、「私貿易（倭寇）」を根絶しようとした。海賊（それは政府に税金をおさめない貿易業者たちと同義であり、彼らは「倭寇」を自称した）が政府の知らぬところで蓄財すれば、その財産をじぶんで守るため、いつしか辺陬《へんすう》の地に「私兵」が育つことになる。これは、治安維持コストが高いシナ王朝が衰えるときのおきまりのパターンだ。私兵は、宗教運動（シナでは地縁を越えた広域社会互助システムは宗教結社の形で作為するしかない）とも結びつく。その有力な大ボスが、次の革命王朝のリーダーになって王城へ攻め上ってくる。それゆえ現王朝としては、私兵の温床となるものはすべて禁じなくてはならない。他国との貿易など、シナの支配者の目には、無益であり有害なのだ。

明朝の「海禁」は、シナ歴代王朝の本能的な願望を具現化させたものであった。だからあるいは中共中央と軍も、防禦的機雷戦によってシナ沿岸部が衰退することを、国家の危機、「王朝」の危機とは、捉えていないかもしれない。

中共がみずから仕掛けた機雷は、黄海、東シナ海、南シナ海を、陸上の地雷原と同じように、誰も通りたがらぬ海に変えるだろう。

米国との戦争が終わっても、命を惜しむ船員や漁労者ならば近寄らぬ海として、何年も放置されるだろう。それで日本は別に困らない。中東から復航するスーパータンカーのうち、ＵＬ

〇Cと呼ばれる特に大きなサイズの船は、現在でも一一〇〇浬遠回りのロンボク海峡を利用している（マラッカ海峡は混雑しすぎるため）。そこからバラバク海峡（南シナ海への入り口）へ抜けずに、フィリピンの東岸を北上すればよいだけだ。横浜や神戸からスエズ運河へ向かう輸出用のコンテナ船ならば、その逆コースをたどる。特に不都合はないだろう。

しかし、シナ沿岸は、物資面で干上がることになる。沿岸航路の代わりに鉄道が頼みとされようが、電気機関車を動かすための電力は、平時には、オーストラリア産の石炭を燃やす火力発電所が供給しているのだ。

となると、国内炭鉱で、ちまちまと石炭を掘り、それで旧式な蒸気機関車を走らせるという手法が、一部では復活するかもしれない。

バラエティー豊かなシナ製機雷の数々

「機雷」というと、われわれが思い浮かべるのは、炸薬が入った、浮力のある鉄の球（缶体）が、ワイヤー（索）で海底の錘《おもり》（繋維器《けいいき》）と結び付けられていて、鉄球が、海面から数メートル～十数メートルの深さの水中に静止している、というものだろう。

このタイプは「繋維機雷／係維機雷（アンカー機雷）」と称され、水中で静止させたい深さをセットしてから海中に投ずれば、その海底の水深を敷設者が正確に知っておらずとも、機雷（繋維器）の方でワイヤーの長さを調節し、プリセットされた深さまでしか浮き上がらぬように、うまく工夫されている。

もちろん、ワイヤーは長さが有限ゆえ、海面近くで静止させたい場合の海底の深さの限度は四三〇メートルくらい。ふつうは二〇〇メートル未満の浅海で使うものだという。ちなみにシナの沿岸はことごとく、広大な浅海だ（大河河口から吐き出された堆積土による）。

信管は、船体がちょくせつ機雷にゴツンとぶつかることで轟爆するタイプのほかに、スクリュー音、エンジン音、船体磁気、船体電気、水圧変化などをセンサーで総合感知して起爆する、非接触のもの（感応式）がある。軍艦（潜水艦）にとって、よりおそろしいのは、近くを通過するだけでヒットしてしまう確率の高い、非接触式の方であることは言うまでもない。

マラッカ海峡のように海底の浅さが二〇メートル台かそれ未満になると、感応機雷は繋維索など要らなくなる。つまり海底の泥の中に寝かせたままでいい。そこで爆発しただけでも、水上を通過する敵軍艦に、致命的な毀害力《きがいりよく》が及ぶのだ。このタイプを沈底機雷という。

湾岸戦争中の一九九一年二月十八日、米海軍のタイコンデロガ級イージス巡洋艦『プリンストン』は、陸地から五二キロメートル離れた海上で、イタリアがイラクに輸出していた最新式沈底機雷二発（それぞれTNT炸薬が一三〇キログラム充填）に、ひっかかった。最初に左舷艦首下で爆発があり、二発目はそれに誘爆したものらしく、右舷艦尾下で爆発。これによって『プリンストン』に死者は出なかったが、船体には複数の亀裂が生じて軽度の浸水があり、イージス・コンピュータも十五分間停止。二軸あったプロペラシャフトのうち一本と、二枚あった舵の一枚が、損傷のためまったく動かせなくなった。曳航されたドバイ港のドックで、自力航行できるまでに応急修理をするだけでも八週間を要している。

注目したシナ軍は、さっそくこのイタリア製の沈底機雷をサンプル購入して学び、外見は、海藻のついた岩石のようにみせかける、凝った沈底機雷も開発しているという。

シナ沿岸も、沈底機雷を敷設可能な浅海には不足しない。このことはしかし、吃水が十数メートルにもなる大型貨物船が干潮時でも座礁の心配なく利用のできる「良港」が、シナにはまことに少ないことの、裏返しでもある。

潜航してシナ本土沿岸に近寄ろうとする米海軍の原潜を仕留めるためならば、水深一〇〇メートルとか数百メートルの海底に、他のハイテク機雷と混ぜて、この感応機雷を沈底させておくと、十分に脅かしになる（繋維式はソナーで気づかれてしまう）。

米海軍は早くも第二次大戦末期に、日本沿岸の防禦機雷原を調査するため、潜水艦搭載の水中ソナーで繋維機雷を探知できる技術を開発している。こんにちでは、それは潜水艦の魚雷発射管から発進させる「水中ロボット」の仕事となったけれども、泥の中の非鉄製の機雷を確実に発見できる技術は、さしもの米海軍でもまだ獲得されていない。

しかも機雷は、最初の数回〜十数回の感応では爆発せぬようにプリセットしておくことができるものだから、ロボットが無事だったコースを本艦がたどって、そこで機雷にやられてしまわないという保証はない。

そこで潜水艦にとって大いに安心して行動ができる海とは、水深が一〇〇〇メートルとか二〇〇〇メートルとか、繋維機雷も沈底機雷もあり得ないほどに深い海域だ。

たとえば青島《チンタオ》軍港から出港したシナ原潜が、できるだけ深い海だけをたどって日本列島の東側に抜け出したいと思ったら、沖縄本島のすこし南あたりが、最も深い（それゆえ海底ケーブルも集中）。次等のポイントは、宮古島のすぐ東側である。しかし、いずれも日米の潜水艦が張り込みをしているだろうし、有事には機雷も仕掛けられる数百メートル程度の水深でしかない。

潜水艦が潜れる深さだが、サルベージ調査用の特種な原潜『NR－1』を除いたら、米海軍の原潜の実用（常用）深度は、五〇〇メートルにも達することはあるまい（二〇一一年六月就役の最新型ヴァージニア級原潜『ミシシッピ』の公表潜航能力は、「八〇〇フィート＝二四四メートル以上」とされている。またシーウルフ級は深度七三〇メートルで圧壊の危険があるともいう）。

冷戦末期のソ連は、太平洋岸のペトロパヴロフスクや日本海岸のウラジオストックに米潜に接近されぬ用心として、深さ一〇〇〇メートル以上の海でも仕掛けることのできる対潜機雷を開発した。繋維索そのものは短い。そのかわり、敵潜水艦の特徴的な音を感知するや、深海に静止している缶体が分離してロケットを吹かして急上昇し、目標近くで爆発するのだ。

ほんとうは米軍の「CAPTOR機雷」のように、自律誘導魚雷をロボット式に発射させたかったところなのであろう。が、ソ連の技術者は、それは諦め、ロケットで毎秒五〇メートルのスピードで上昇させる方法を選んだ。中共海軍もこの「上昇機雷」をすぐに買い求め、一九八九年以降コピー生産し、一九九四年にはイランにも売ったという。シナ海軍のディーゼル式潜水艦は、この上昇機雷を敵国の軍港前に敷設する演習を積んでいるようだ。

最初から浮遊させ、しかも最長二年間も活性が保たれる、あからさまに国際法（一九〇七年ハーグ条約）に違背した「漂雷《ひょうらい》」も、中共は一九七四年以降、国産している。この機雷は、深度二メートル〜七メートルのあいだで浮き沈みしながら、潮流に乗ってどこへでも漂っていく。ちなみに、投入してじきに無力化する浮遊機雷ならば、国際法違反ではない。

軽快な商船は、繋維機雷のワイヤーが切れて流出した「浮流機雷」については、好天の昼間は見張りが利くので、なんとか避けることができる。朝鮮戦争のあと何年ものあいだ、ソ連製機雷がウラジオストック周辺の海底から漂い出し、津軽海峡（二〜四ノットの潮流がつねに日本海側から太平洋側に向けてある）に流入したので、青函連絡船は暫時《ざんじ》、昼間だけの運航となった。太平洋岸の苫小牧などに打ち上げられたソ連製機雷もあった。

けれども、「漂雷」（浮遊機雷）となると、これは海面に顔を出さないから、前方警戒ソナーを持たない民間船舶には避ける術《すべ》がない。

シナ製の「漂雷」は、時限装置によって、五百日くらいしたら海水が注入されるようなつくりになっている……と期待したいところだが（それでも違反だが）、製造工場もスペックも製品クオリティも不詳である。先進国ならば、バイオプラスチックで缶体の一部を構成しておき、無害化タイマーが不作動だった場合でも、時間が経てば確実に構造が崩壊（溶解）する如く設許すべきであろう。これは、地雷でも同様だ。

シナ軍の機雷は、基本的に旧ソ連からの輸入品またはそのコピー品で、ロシア語の表記が残っているものも多い。

大きな例外が、航空機から投下する沈底機雷で、これは米国製の模倣である。米海軍はベトナム戦争中に、ハイフォン港に空から簡易改造機雷を撒いた。五〇〇ポンドの通常爆弾の尾部に、浅海面機雷にするためのセンサー(三種類あった)をとりつけて、パラシュートで落とすというだけのものだ。これを一年以上かけて掃海した中共軍は、リバースエンジニアリングして、みずからコピー生産した。そして後年、関係が悪化したベトナムの内水に投下して、イヤガラセしたという。ただし、シナ製のパラシュートは不具合も多いともいう。

シナ軍が平時にストックしている機雷の数としては、かつて「五万個」という数値がシナ軍人の表現として活字になったことがある。米海軍は、その二倍ある可能性もあろうと疑っている。そこから、五万と十万の中間の数値である「八万」だとか「七万」といった数字が、いまでも独り歩きしている。どれも確度の低い数字にすぎない。

しかし、簡易型の機雷ならば、シナの工場で製造させるのに面倒なことは何もないので、「数万」というのなら、リアリティはあるだろう。

ちなみに、第二次大戦中にソ連が沿岸防禦用に仕掛けた機雷は八万個だったとされる。また、B－29が戦争末期の五カ月間で日本列島の沿岸に夜間に投下した機雷は一万個であったが、これだけでも日本の沿岸航路はほぼ麻痺し、また戦後にこれを除去するために、海上自衛隊が多年の努力を要したものである。

シナ軍による攻撃的機雷戦

敵国の本土沿岸や、敵艦隊の泊地近くまで出かけていって、そこに機雷を撒いて帰ってくる作戦を「攻撃的機雷戦」と呼ぶ。

第二次大戦中、ドイツの潜水艦は、米国の東海岸に機雷を敷設したこともあった。じっさいに仕掛けられた機雷の数が、たとい僅かなものであったとしても、自国の港の前に機雷が撒かれたとわかっただけで、受けてしまうダメージは深刻だ。

撒かれた側としては、重要な港湾の出入り口を、きれいに掃海しないわけにはいかない。掃海艇は、その任務上、速力は出せない。とにかく一メートル単位の精密な操船をするためには小回りが利くことが第一条件で、吃水も浅いほどよいから、船体を大型化することも、磁気や音や振動といった「気配」の強い重いエンジンを載せることもできないのだ。

ゆえに自走では現場へ到着するまでにも何日もかかってしまう。米海軍は絶東では佐世保港に数隻の掃海艇を配しているけれども、そこから台湾に行くだけで一日半はかかる。だから、ペルシャ湾まで増援に出すときには、特殊な「重量物運搬船」という、荷物デッキの乾舷が海面スレスレの貨物船に、掬い上げるように載せて派遣しているのだ。

到着後の作業も、完了までには一カ月以上もかかるのがふつうだ。その間、機雷を撒かれた軍港の機能は、ガックリと低下せざるを得ぬわけである。

軍艦がじっさいに沈められなくとも、海戦で味方軍艦の数を一時的に減らされたのとほとんど同じような、海軍の活動停滞が生じてしまうのだ。

これを同時多発的、あるいは継続的執拗に繰り返されたなら、どうなるか？

どこの国の海軍も、高機能な掃海艇の数は、たいして整備をしていないものだ。専門家としてよく教育された士官や兵曹（下士官）の数もまた然り。

米海軍はこのネック解消のために、駆逐艦に掃海艇の機能を結合させ、掃海作業もロボット化してしまえないかと構想した（「LCS〈Littoral Combat Ship 沿海域戦闘艦〉」というコンセプト）。だが、現在までのところ、その目論見は失敗している。やはり掃海作業は、専門のフネと専門の水兵がたくさん揃っていないかぎりダメだと、再確認されつつある。

第二次大戦中の潜水艦作戦の「費用対効果」を、戦後にあらためて仔細に計算してみた米海軍は、そこで意外な結論に達している。

味方の潜水艦が苦労して広い海原をウロつきまわり、その魚雷で敵国の軍艦や商船を沈めようとするよりも、さいしょから「機雷敷設」だけに任務をかぎって専一に行動した方が、こちらのコストはずっと低かったし、敵の損害・不利益も多大になっていたはず——という試算結果が出たのだ。この研究については、戦後の長いあいだ、秘密にされていた。

しかし、いまではシナ海軍もこの研究についてよく知っている。「機雷戦」こそ、米海軍と対決するための安価で有利な手段だと、かれらは意を強くした。

ただし、攻撃的機雷戦を実施できるのは、米海軍や日本海軍とて同じ。それに、豪州海軍とベトナム海軍も確実に加わるだろう（フィリピン海軍には能力がなく、台湾海軍にはその意志がない。「大陸反攻」の障礙《しょうがい》になるからだ）。

オーストラリアは、米軍から背中を押されて、げんざい六隻ある三〇〇〇トン級の潜水艦隊に加え、四〇〇〇トン級の新造潜水艦を、二〇三〇年までに六隻増やすという計画を二〇〇九年に策定した。なんと豪州海軍の艦艇の半分を潜水艦にしようというのだ、その狙いは、シナ海軍と商船の動きを、機雷敷設によって封じることにある。

ベトナムは、ロシアから潜水艦を複数購入し（米国は対越武器輸出を渋っている。ハノイ政府が人権弾圧をやめないため）、カムラン湾基地からシナ沿岸へ出撃させたい意向だ。潜水艦の経験値がゼロのベトナム海軍の技倆では、魚雷戦やミサイル戦は無理だろう（魚雷やミサイルを管制するための電装品の値段はとてつもなく張るもので、潜水艦の単価もそれだけ跳ね上がる）。しかし主任務を機雷敷設に限定すれば、安価にシナ海軍ともわたりあえるのだ。

対するシナ軍は、ベトナムのような近くて弱い隣国に対しては、航空機や艦船を使って、その隣国の領海／ＥＥＺ内に随意に機雷を敷設することに支障がない。

特に海南島の正面にあるハイフォン港などは、シナ軍の攻撃的機雷戦によって、徹底して使用が妨害されるであろう。米軍も、トンキン湾のハイフォン港を公然と利用しようとは思っていないだろう。シナ軍の原潜の一大拠点たる海南島に近すぎて、かえって攻防の自由が制限されてしまうからだ。

カムラン湾は、ベトナムの海岸線が、南シナ海へ最も出っ張ったところにある。ベトナム戦争中、米海軍はそこを軍港化していた。そしてパネッタ国防長官が二〇一二年にカムラン湾で演説し、ふたたび米軍がカムラン湾を利用する未来が予見できるまでになった。ベトナムもシナの重圧には参っているから、米越間で「対支」の擬似同盟は事実上、結成された模様である。中共は、ベトナムが領有権を主張する西沙諸島の占領を続けるためには、ハイフォン港もカムラン湾もサイゴン港も機雷で封鎖したいだろう。しかし米海軍が相手となったら、それは苦しいミッションになるだろう。

シナ軍は、フィリピンのルソン島西岸にあるスビック軍港に対しても、攻撃的機雷敷設をしたいところだろう。ここは有事には米海兵隊が作戦拠点とすることが、確定している。フィリピン政府は、二〇一二年五月にシナ政府がバナナ輸入拒否を打ち出す前は、自国世論の反発を考えて、この話を表向き曖昧にしていたのだが、スカボロー礁の紛争勃発以降は、遠慮する理由がなくなった。

この場合も理想と現実とにはギャップがある。ルソン島沖まで機雷を撒きにいく手段をシナ軍は、対米戦争になったら、やはり得られそうにはない。逆にシナ軍の潜水艦は、米軍の敷設した機雷によって、本土軍港からの出撃を阻止されるだろう。

味方潜水艦によって仕掛けることが困難な地点に対して機雷を投下することに決められている「H－6」というシナ海軍機があるのだが、そのパイロットも、マニラ湾やミンドロ海峡に向かって飛ぶような自殺的なミッションはまじめに実行しないで、途中で機雷を捨てて引き返してくるだろう。

佐世保軍港や、日本の南西諸島の島と島のあいだの通り道、グァム島のアプラ港、豪州のダーウィン港なども同様である。その途中には、先まわりして「敵海軍」の潜水艦が、たぶんは機雷もすでに撒いて、待ち構えている。

その機雷の中には、海上自衛隊の「91式機雷」も含まれていることだろう。この機雷は、深さ数百メートルの海底に繋維式に仕掛けておいて、敵の潜水艦や水上艦の通航を感知すると、ワイヤーを切断し、浮力で上昇する。それだけならば特に珍しい機雷でもないが、「91式機雷」はその浮揚コースを自律的に調節し、敵艦の未来位置に先まわりして正確に艦底を直撃できるのである。いまのところ世界で唯一の「エンジンのない自律誘導魚雷」だといえよう。

攻撃的機雷戦を遂行したくとも、敵国の軍港に、水中からも空中からも到達できないとなれば、困ったことである。まして、ハワイやパナマ運河となったら、潜水艦で近づくこともできないだろう。稼働率の低いシナ海軍の潜水艦は、平時からその全隻が、米海軍によって常続的に監視を受け、尾行されているからだ。

そこで、中共海軍が考えているのが、開戦前夜の平時に、偽装漁船や偽装商船、加えて、公船（海軍所属ではない、シナ政府のオフィシャル船艇）を使って、隣国軍港前や重要海峡に機雷を撒くという戦法だ。

政治的にはリスクが高い。なにしろ、いちど撒き始めてしまったら、もはや開戦をとりやめることができなくなる（プリセットのタイマーで起爆可能状態になる）。

しかし、米支戦争が始まるとしたら、それはサイバー攻撃をきっかけとした、非統制的なエスカレーションだろうから、海軍の一司令官が共産党中央の決心にすこしばかり先走ってしまうことだって、あり得るのだ。

機雷戦に投入される公船

民間の商船や漁船ではなく、さりとて軍艦でもない「オフィシャル船艇」（公船）は、有事のさいには、その国の海軍の指揮下に入り、「第二海軍」となるのが、諸国の常例だ。

公船の代表的なものは、コーストガード（沿岸警備隊、洋上国境警備隊、日本ならば「海上保安庁」）の警備艇や巡視船艇だろう。軍艦のような防御力や、長期連続作戦するための設備は欠いているのだが、軍艦にも搭載されていないハイテク装備をもつ巡視船も、なかにはある（たとえば三次元安定化装置付きで、暗視ビデオで照準しながら精密なリモコン遠距離射撃ができる無人機関砲塔や、音響による海賊撃退装置を、わが海上保安庁の巡視船が備えている）。それに次ぐのが、漁業監視船、水上警察や税関や消防機関の所属艇などだろう。

多くの公船は、平時に他国のEEZ内を徘徊しても、それだけでは臨検を受けたり拿捕されないという特権を有している。特権があれば、それを悪用せずにはおかない国が日本の周りに複数あるのはいつも残念なことだが、中共の場合は、よりによって、公船を使って機雷を撒くつもりでいるから兇悪だ。

シナ海軍の考えでは、機雷敷設のタイミングは、正式の対米「開戦」日より、最大で十日、先行させるという。

中共版のコーストガードは、国家海洋局（State Oceanic Administration。海図を作ったり、北極圏へ砕氷船を送り出したりする）が差配する「中國海監」（China Maritime Surveillance）だ。「海監」の船艇は堂々と外からも見える兵装を搭載する。

悪天候下でも外洋任務が遂行できる（これを「堪航能力」という）一〇〇〇トン以上の優良船艇を最も多く擁しているのも、この海監だ。

海監は、海軍（以前は「人民解放軍海軍」、英語に直すとPeople's Liberation Army Navyという妙な呼称で継子《ままこ》扱いされていたのだが、新華社の報道では二〇〇八年十一月以降、「中國海軍」＝China Navyと名乗りを改めて、独立したようである）に最も近い、公船運用機関だといえるだろう。人員はすでに二万人以上あるのに、海軍の中から〈海監の装備陣容をさらに拡張すべし。予算を増やしてやれ〉という、印刷物による支援射撃がなされている。

海監に次ぐ公船の勢力を誇るのは「漁政」。中共版の農水省である農業部（「部」は日本の「省」にあたる）の漁業局が所轄している。英文表記で「Fisheries Law Enforcement Command」とされることもある。一般に漁政の船艇には外から見える固定武装はついていないけれども、海軍艦艇のお下がりの船には砲塔が残されているし、法執行機関であるから、船内には火器も必ず蔵されている。また、少数ながら、ヘリコプターを搭載できる船艇もある。

「漁政」は有事には、徴用される大小無数の民間漁船ともども海軍の下で「機雷敷設船」あるいは「掃海艇」となって活動することが決められており、二〇〇五年にその演習が東シナ海で実施された。

日本だと海上保安庁は国交省に属する。シナでは、交通運輸部内の中國海事局（Maritime Safety Administration）が「海巡」とも名乗って、海監に赤旗を描き加えたような船首マークの公船を運用している。その舷側には「中國海事」という文字がペイントされている。

これと海監との関係を詳《つまび》らかにしないのだが、シナではこうした公船運用組織のあいだにも、バックのパトロン勢力の差異から、利権競争があると考えるべきなのかもしれぬ。規模は、海監には及ばない（商船に指図ができるのだとすれば、漁政に匹敵する勢力だが）。

シナ海軍の希望としては、「海巡」等の弱小公船運用機関はすべて「海監」に統合して単一の国家沿岸警備隊（China Coast Guard）にし、まとめて「第二海軍」あつかいをしたい。だが、海監以外の機関の背後についている、軍人ではない有力パトロンの予算獲得権力しだいでは、海巡も独立所帯として肥大するだろう。

このほか、公安部の支配下にある辺防海警（Maritime Police）や、密輸・密入国や麻薬流通に目を光らせる海関総署（General Administration of Customs）もあるが、周辺国の軍艦と「海戦」できるような組織ではなさそうである。

シナ海軍は、水上軍艦では実行が不可能だった尖閣の領海侵犯を海監や漁政にやらせたりして、公船を工作船として使うことの便利さを知ったことであろう。海軍が海監・漁政を手下としていつでも鉄砲玉に仕立てる関係は、とっくに構築されているのだろう。

日本のＥＥＺに食い込んだ天然ガス掘削リグは、シナの「領土」の主張根拠にはならない。けれども、大陸棚境界画定交渉のさいの既成事実に使われることは当然だろう。シナ人の「財産」として海監が実力で警固する根拠にもなるだろう。軍艦の代わりに海監が、「専管経済水域」を拡げてくれることになる。それを黙過していれば慣行として日本は権利を失う。これに関する国家叛逆的な不作為の作為を指導しているのは、他国との密約が大好きな前時代的な日本外務省で、外務省が海上保安庁に何もさせないのである。

非拿捕特権を有する中共の公船や、その公船が指揮する民間の漁船や商船が、中共軍の対米開戦前夜（十日前から二日前）に、隠密的な機雷敷設の任務を与えられることは、もう秘密ではない。そうした国際法に違背する〈平時の偽装特設軍艦の使用〉について中共海軍部内で堂々と検討をしている印刷文書が、いつのまにか外国の研究者たちの入手するところとなっている。

開戦後にも、たとえばマレーシア沖（インド洋からマラッカ海峡を抜けてきたコンテナ船等の通り道）などに対し、小型で目立たない貨物船（純然たる商船）や、一〇〇～二〇〇トンくらいの漁船を利用して、追加的に機雷を撒くことができるだろうと、中共海軍は、楽観的に考えているようである。

じっさいには、漁船も商船も公船もすべて「偽装軍艦」だ——とバレたあとには、シナ船籍の船舶は、他国軍から発見され次第に問答無用で撃沈されるという悲惨な運命が待つのみだろう。

「鉄槌」と「スウォーム」による海での奇襲開戦

シナ沿岸に近づこうとする米空母に対するミサイル攻撃について、米海軍の関係者はこのごろ「assassin's mace」（暗殺者の棍棒）と呼んで面白がっている（初出が不明だが、米海軍主導の「エア・シー・バトル」研究が公然化したあとのことだ）。

司馬遷が伝えるところでは、張良《ちょうりょう》（生年不明～紀元前一六八年没）は、紀元前二一八年に始皇帝の車駕《しゃが》を狙って、「力士」（おそらくは投擲具《とうてきぐ》で遠くのオオカミに石を当てることが得意だった辺境遊牧民）に、重さ一二〇斤（一斤＝六〇〇グラム。たぶん大袈裟）の「鐵椎《てっつい》」を投げつけさせた。しかしこの弾丸（たぶんは鉛塊）は「副車」に当たって、皇帝の暗殺には失敗した、と『史記』の「留侯世家」（留とは張良が漢高祖から賜った土地の名）は書く。

一部未開部族の投石器が、遠くの人の頭や飛ぶ鳥を狙っていかに正確であったかは、旧約聖書から、スペイン人の中米報告まで、いくつか傍証がある。張良が、間違った目標を指示したのだろう。

シナ軍が米空母を窺って大射程の対艦ミサイルで奇襲してやろうと思っても、シナ軍の劣弱なISR基盤がそれをゆるさないであろうという話はすでに述べた。

しからば海上での「暗殺」は何によって可能になるのか？　古代「アサシン」団の発祥の地、イランでは「小型高速ボート」を宣伝している。

二〇〇五年に米海軍（第五艦隊）と海兵隊は、「もし、われわれがイラン軍ならば、どうやって米海軍に一泡吹かせようとするだろうか」を考えて、バーレーン沖で実演をしてみたそうだ（これは最初ではない。二〇〇二年夏にも似たようなことをやって同じような結論を出している）。

その結果、イランが米軍に対して一斉に敵対行動に移る前に、爆装し偽装した低速飛行機やモーターボート（どちらも自爆用を含む）を、十分に第五艦隊の碇泊地や遊弋《ゆうよく》先に近接させておけば、「勝利」は得られるだろうと確認された。多数の敵が近い距離から一斉に攻撃してきた場合、米艦側には、追い払っている暇がなくなってしまうのだ。

こういう、小さくてひとつひとつは非力なプラットフォームが、蝗《いなご》の群れの如く雲集して殺到するスタイルを「スウォーム」と呼ぶ。人海戦術の機械版、とでも言おうか……。

イラン軍はたぶんこれを聞いて、「ホメイニ革命直後ならともかく、いまごろオレたちにそんな自殺戦法ができるわけないだろう」と内心呆れながらも、米軍に付き合うようにして、小型高速ボートの洋上訓練などをときおり宣伝している。

この可能性に対して、とりあえず米海軍側は、五インチ（一二七ミリ）径の艦砲から発射できる、超特大の「ショットガン」砲弾を準備しておくことに決めた。大砲を「散弾銃」のようにして、特攻してくる小型ボートやプロペラ機の群れを撃退しようというわけだ。

横須賀を母港とする米海軍第七艦隊の旗艦『ブルー・リッヂ』（通信に特化している軍艦で、攻撃兵装は大砲も含めてほとんどない）は、すくなくともパラオ諸島（米国が事実上保護している島嶼国家）あたりまでは後退して、最前線よりもはるか後方から、絶東海軍作戦の指揮を執ることになろう。

これは別段の秘事ではなくて、たとえば過去の朝鮮半島有事を想定した米韓演習でも、『ブルー・リッヂ』は、インドネシア近海まで遠ざかっているのをつねとしていた。

米支戦争は、主戦場が南シナ海であるから、インドネシア沖では近過ぎる。さりとて豪州の東南のタスマニア海まで後退してしまえば、長波無線から衛星デジタル回線にまで及ぶ大容量かつ迅速な通信連絡の維持に、部分的に差し支えが生ずるはずである。

シナ軍は、開戦劈頭で、米軍の通信連絡網にダメージを与えることを、ことに重視している。『ブルー・リッヂ』もあらゆる手段で付け狙われることだろうが、むざむざやられるほど、米軍の脇も甘くない。

米軍によるマラッカ海峡の封鎖とコントロール

米国は二〇〇五年にシンガポール政府に対し、米海軍が開発中の「ＬＣＳ」という軽巡洋艦サイズの超ハイテク掃海艦（吃水が六メートルしかないので浅海のシナ沿岸だろうと自在に行動できるとする。ちなみに掃海艇の吃水は二メートル台なのだが）をシンガポールの軍港埠頭を場所借りして常駐させたいと伝え、その相談は、二〇一二年前半になってもひきつづきゆっくりと進められている最中だ。

しかし、既存の駆逐艦の任務をもすべて代行してしまおうという万能艦コンセプトのＬＣＳは野心的すぎて、システムの細部の開発がいつまでも完了しない模様である。

米国はホルムズ海峡から四〇〇浬《かいり》離れたバーレーンに、なけなしの標準型掃海艦を四隻も派遣しており（二〇一二年三月時点では、さらに四隻を追加派遣したうえ、掃海ヘリの中継空母にするために『ポンセ』という廃艦予定だった揚陸艦まで同海域に浮かべる）、これも将来は数隻のＬＣＳ艦で代替したい腹積もりである。

いうまでもなく、それは、イランがホルムズ海峡に機雷を撒いて原油タンカーの通航を遮断した場合に備えておこうというのである。

かたや、米国がマラッカ海峡を重視するのも、アルカイダ一派が海上テロによってマラッカ海峡の途絶や混乱を狙うという、米軍人にとってはリアルに聞こえる話があったためだ。米支戦争を第一に念頭してのことではないだろう。

テロリストが「機雷」を使った例はいままで一例もないのだけれども、テロリストを後援するどこかの国が、機雷を提供することが絶対にないとも言い切れない。

もし、二隻〜四隻のLCSがシンガポールに常駐する前にマラッカ海峡にゲリラが機雷を仕掛けたとしたら、米海軍は、佐世保に四隻残してある、最高でも一四ノットしか出せない米海軍の標準型掃海艇（一四〇〇トン弱）を派遣するしかない、というのが現状だ。自走では、現場に駆けつけるだけでも一週間かかるだろう。そして掃海作業も、とても一日や二日では終了しない。

絶東海域では、マレーシアやインドネシアといった、イスラム教国の動向が、米国には、なかなか予断困難である。そこで、マラッカ海峡の管制に関しては、仏教国のタイか、道教文化の濃いシンガポールと共同したいと、米国は考える。タイとシンガポールは、「反マレーシア」で事実上の同盟関係にある。アジアはつくづく「一つ」ではあり得ない。

そのマレーシアだが、ボルネオ島のサバ州に海軍根拠地を設けて、潜水艦隊を展開しようと計画中だ。米軍にとって、万一後進国の潜水艦が海中から勝負を挑んできたところで少しもおそろしくはないが、潜水艦は誰にも知られずに、こっそりと機雷を撒くことができるために、そこだけは気にせずにはいられない。将来、何かのいきがかりでマレーシアが怒って機雷を撒き始めるとか、最悪の場合はシナ軍の作戦に連動して動くといったケースも、米国としては、いちおう心配しておかねばならない。

周知のごとく、シナ経済やシナ軍も、いまや中東からの輸入石油に決定的に依存している。だから、ホルムズ海峡やマラッカ海峡が通航不能となったら、まっさきに困ってしまうのは、備蓄がゼロに等しい中共である（日本には百日以上の備蓄がある。もっとも、シナ軍や韓国軍や台湾人テロリストの攻撃で石油備蓄基地が炎上してしまわないとは言い切れないが）。

したがって、マラッカ海峡やロンボク海峡（インドネシアのバリ島に面している水道。水深二五〇メートル。中東からのスーパータンカーは、狭隘なマラッカ海峡を迂回してロンボク海峡から南シナ海に入ることが多い）にいきなり機雷を撒いたり、撒かせたりして、じぶんでじぶんの首を絞めるような作戦を中共指導層が構想するだろうとは考えにくい。

むしろ、米支開戦となった暁に、マラッカ海峡を「選別的封鎖」することになるのは、米海軍と、その同盟国海軍の方だろう。かれらはもちろん国際海峡に「機雷」を撒いたりはしない。海峡に入ってくるすべての商船を臨検して、シナ船籍の船、シナ人水夫が乗り組んでいる船、シナ系法人がオーナーであるらしい船、積荷の仕向け先がシナや北朝鮮の港である船、なんだか怪しくて素性のハッキリしない船などであったなら、即時にUターンを命じ、従わなければ火力を指向して強制する。

シナ軍御用達の商船や漁船が、ロンボク海峡等へこっそり迂回しようとしてもムダである。豪州は、スマトラ島の南に「ココス諸島」、そしてジャワ島の南には「クリスマス島」を領有している。この二つの屈強の監視拠点には、米海軍が平時から出張しようという計画があり、対支有事のさいには豪州本土のフリーマントルやダーウィンと同様、米海軍艦艇や英海軍艦艇がひしめくことになるであろう。高高度無人偵察機の「グローバルホーク」を米海軍が洋上哨戒機に改造した「BAMS（Broad Area Maritime Surveillance system・別名トライトン）」も、飛び回るはずである（現在は三機が交替でホルムズ海峡上空をとぎれなく旋回している）。

どうせ封鎖されてしまうのならば、もう自棄《ヤケ》だ——とばかりに、マラッカ海峡に、シナ軍がなんらかの方法で機雷を敷設することもあるかもしれない。

だいたい米支開戦前であっても、米国大統領か国務長官が、「×月×日をもってシナ沿岸に封鎖海域を設ける。この封鎖線を無視する外国艦船は、米海軍の攻撃対象となる」と宣言するだけで、世界の保険会社はシナの港に出入りする船舶や積荷に保険がかけられなくなり、石油飢饉から、中共王朝はたちまち「崩壊五分前」という状況に追い込まれる。シナ軍としては、どうしても奇襲でブルネイ油田を奪取してやろうと念願するはずで、そうなったら、マラッカ海峡などもう誰も通航できなくしてしまう方が好都合だろう。

米軍による攻撃的機雷戦

シナ沿岸部は浅い海ばかりである。外国からやってくる吃水一〇メートル以上の大型船は、岸に近づけば座礁の心配をしなくてはならない。黄海は平均深度が四四メートル。渤海《ぼっかい》湾内となると黄河からの堆積物のために二一メートルしかなく、しかも「渤海」の名の如く、干満の差が甚だしい。

大型船舶がそのまま気楽にアクセスできる岸壁は、上海など、限られた国際港にしかない。いずれも外洋に対してほぼ剝《む》き出しも同然であり、日本の瀬戸内海や東京湾のように、敵国の潜水艦を地勢によって阻み得ない（戦間期に英国の潜水艦が呉軍港沖まで忍び入ったことはあったが）。渤海湾を浚渫《しゅんせつ》できるならば、防禦の面では理想的になろうけれども、さすがのシナ経済にも、そこまでの継続的大工事のコストは負い切れない。黄河が、あとからあとから泥を運んできてしまうのだ。

やむなくシナの重要港の沖合では、大型船から小型船への「瀬取り《せど》」もよく行なわれるという。積荷を洋上で分配するのだ。そして多数の小型船が、そこから沿岸の港々を巡回し、あるいは河川も溯って、地域に必要な物資をあまねく届けることにより、シナ経済は維持されている。都市や工場や鉄道のための発電所も、シナ軍のトラックや航空機も、そのような弱点だらけの燃料補給線に根本で依拠している。

だがすでに述べた如く、水深の浅い航路には、「沈底式機雷」という、敷設するのにほとんど手間の要らない、そして識別したり除去するのはかなり面倒な機雷を、航空機や潜水艦から、随意に撒布し、それによって水上船舶の通航を阻止することが可能である。

対支開戦直後から米軍は、魚雷戦型原潜を、グァム島、横須賀、豪州、ハワイから、シナ本土沿岸に派遣して、海中で気づかれることなく機雷を撒き、シナ軍の軍港および海軍工廠を機雷で封鎖し、出入り不能にするであろう。

米海軍の最新の魚雷戦型原潜は、水中で静止するときのポンプの音が、ほとんどしないという。潜水艦は潜るにつれて外殻が圧縮され、体積は変化する。また海水の塩分濃度もときに変わるから、任意の深度で静止（懸吊《けんちょう》という）しているためには、圧搾空気を移動させたり、注排水機構を働かせたり、せわしなく音を立て続けねばならぬ。それが面倒なのでふつうは、微速前進しつつ舵で調節する楽な方法が選ばれるのだが、被探知の危険も、機雷にかかるリスクも確実に高まる。米潜だけは随時に「行き脚」をゼロにして無音で水中に止まっていられるので、気配を消して敵国沿岸だろうとどこだろうと動き回れるのだという。

仕掛ける機雷の種類は、対潜水艦用を主とするだろう。しかし浅海に敷設した沈底式機雷は、シナ軍の潜水艦も水上艦も商船も、平等に撃沈するだろう。

グァム島その他に所在する米空軍と米海軍の各種航空機は、シナ本土沿岸の重要商港に通ずる航路に、夜間、機雷を空中から撒布するであろう。米軍機が空から機雷を撒いたという噂は、クチコミでシナ人のあいだに広まる。それでじっさいに二、三隻の貨物船が小破でもすれば、シナ人船長は、人民解放軍に徴用されていようといまいと、絶東戦域から雲隠れするであろう。シナ沿岸を航行する船舶は、ほとんど姿を消すはずである。

やがてついには、軍艦までも行動を自粛する。さりとて港湾にとどまっている軍艦も、コルヴェット艦以上のサイズであれば、米軍の巡航ミサイルの照準から逃れる術《すべ》はない。

シナ軍による防禦的機雷戦

シナ軍は、自軍だけが安全な「切れ目」を承知している「機雷堰《きらいえん》」（敵艦の通過を阻止するために機雷を帯状に配列する海中障礙《しょうがい》）を本土沿岸の海中に構築することで、米軍の潜水艦がたとえば渤海湾の最奥部まで入ってくるようなことがないよう防禦に努めるであろう。

米軍の潜水艦は、機雷を撒いたり巡航ミサイルを発射したりするだけでなく、特殊部隊の奇襲上陸作戦のプラットフォームともなる。シナ軍としては、そんなものを山東《さんとう》半島（上陸しやすく撤収もしやすく、しかもシナ本土を南北に分断できる理想的なロケーション）に近寄らせるわけにはいかない。

米軍は英軍とともに、海からのコマンドー（十九世紀の南アフリカに語源があり、特殊挺進部隊やその作戦を指す）攻撃に熟達している。早くも一九四二年八月には、少数の日本海軍陸戦隊が守備していたマキン島に対し、二隻の米海軍の潜水艦が夜間にゴムボートを放って海兵隊を奇襲上陸させ、「ヒット&ラン」的に引き揚げるという作戦を成功させたものだ。

シナ軍としては、米軍の大規模な上陸作戦はないだろうと高をくくっているが、コマンドー攻撃については、警戒しないわけにはいかない。山東半島の周囲には、特に厳重に機雷堰が巡らされるであろう。そこはシナ海軍のセンターがあり、北京にも近く、大連《だいれん》の原潜造船所の真向かいであり、しかも韓国からのエア・カバーが可能で、上陸されると非常に痛い要地だからである。

台湾海峡にも、米海軍の艦艇が入れないように、シナ海軍によって、海峡の北側入り口に機雷が撒かれるだろう。ただし台湾海峡全域を機雷だらけにする意図は、北京にも台北にもない。互いに本気で考えていることは、もし、敵政権が民衆からソッポを向かれたなら、わが将軍たちを押し渡らせて、民衆（および寝返り軍）とともに敵首都へ旗鼓《きこ》堂々《どうどう》攻め上ろう……という夢なのだ。その邪魔となる機雷は仕掛けられない。これはシナ人気質である。

台湾軍には高級将校が多くて兵隊が少ない。近年では徴兵制もやめてしまった。これは、軍隊指揮官だけ渡海させれば、あとは現地民衆が武器を執って、大軍勢がたちまちできあがる、という、三国志のノリが、いまに生きているためである。

沖縄の米海兵隊は、一部が韓国西岸部に移動して、いつでも山東半島に上陸するぞという構えを示して、シナ軍が南シナ海方面に部隊を集中できないように、牽制するであろう。もちろん、じっさいに海兵隊が大規模な上陸作戦などすることはなさそうだが。

日本の海上自衛隊の掃海隊は、車両から屹立させるアンテナにより、海浜に臨時のビーコン電波発信局を置いて、衛星電波に依拠せずに五センチメートル単位で海面を精密掃海することができる（デッカ航法という仕組み）。しかしシナ海軍の掃海部隊には、海自並みのシステマチックな掃海は、とうてい期待することはできない。シナ海軍はながらく、少数のいたって旧式な掃海艇を、ロクに掃海訓練もさせずに「沿岸警備艇」として使ってきたのだ。

その欠点と弱点を少しは自覚しているのか、掃海諸装備の新型への更新もゆっくりと始まっているけれども、西側で採用中のヘリコプターによる掃海などにはまだ当分は手が届きそうにない。また掃海作業には、こんにちの西側海軍でもなお、スキルフルな生身のダイバーに頼る部分が多々ある。シナ海軍には、そのダイバーを教育するための伝統基盤も薄弱だ。

シナ本土沿岸での機雷戦の影響

いったい中共中央は、機雷戦の不利益をまじめに考えていないのだろうか。あるいは、われわれの思いもよらない遠謀が、あるのだろうか。

朝鮮戦争から一九七一年まで、米ソ間の全面核戦争を待望していた毛沢東は、そのさい米軍が海から中共を攻撃してくることを恐れた。彼はシナ沿岸部への人口集中も厭《いと》うた。無理にも内陸（ソ連に近い）の僻地に孤立的な経済単位（人民公社）を多数散在させ、「地球最後の日」が来た場合、そこが中共体制の生き残り拠点になるだろうと夢見ていた。

一九八〇年代に中共の最高実力者となった鄧小平（一九九七年没）は、米国をいっそう味方にひきつけるためには、毛沢東路線とは逆に、沿岸部の経済開発をどしどし進めさせなければならぬと考えた。アメリカに「上海を筆頭に巨大な投資先がひらかれる」という妄想を抱かせられれば、絶東知らずの資本主義者は無関心でいられないはずだった。

メッセージは効いた。国家の富と人材が集中する都市を、敵が手にするダンビラのリーチ内にわざと置いてみせたことによって、〈異心〉がないこともわかりやすくなった。現在のシナ経済および軍事兵站《へいたん》の重心は、故・鄧小平のおかげで、沿岸部の都市にある。

富裕層、経済的エリート層も沿岸部に密集している。軍隊内で出世したわけではない彼らは、おそらく対米戦争からは何のメリットも受けず、損害だけを蒙るだろう。

具体的には、燃料や原料・資材・部品は、作戦優先で入手できなくなり、トラック、貨物列車、飛行機、水上の運輸手段も、人民解放軍によって徴発されてしまうであろう。戦時には保険も適用されなくなるから、海外への製品輸出も自動的に止まるはずだ。それどころか、まかりまちがえば、米軍からの艦砲射撃や空爆まで、くらいかねない。

ただし、かれら成功階級は、妻子と親類に、香港の正規永住権に加え、できるだけ多彩な西側諸国との「二重市民権」を取得させておくことに、おさおさ怠りはない。対米戦争になりそうなときには（あるいは失脚工作のマトにされたときにも）、いちはやく西欧やカナダ等のどこか中立圏へ逃避してしまえる逃走路は、準備してあるのだ。

中原《ちゅうげん》以南では、戦前から、富豪や政治的権力者たちが、いざというときの国外脱出の第一歩を「とりあえず香港」と考えていた。これはシナ人の伝統なのである（中原以北だと、ソ連もオプションに入った）。

太っ腹なことに、米軍には、英語が話せても米国市民権のない軍人が五万人もいる。海軍にはシナ人の水兵も目立つ。かれらは四年間、米軍に勤務すると米国市民権が取得でき、家族がシナ本土から亡命しやすくなるので、親の命令で「金持ち二等水兵」にさせられているとも疑える。されども中共の法律では、有事には国民は総動員されて、敵国の軍隊に尽くすことなど許されないはずなので、米支戦争となった暁のかれらの処遇がどうなるのか、不審だ。

中共中央のパワー・エリートたちすら、いろいろに保険をかけている。妻子全員をすでに香港や外国に居住させている者も多く、そこまで対策して失脚時に備える「単身国内居住」の蓄財役人たちは、現地語で「裸官」と揶揄《やゆ》されているという。

軍隊の側では、「経済の沿岸集中は不利なことも多い。が、国営大企業の売上税という国庫収入はおかげで倍増して軍拡につながったし、富豪どもはいつでも逃亡するのだから、アメリカと戦争する足枷にはならぬ」と考えているのかもしれない。さらには一歩進めて、「アメリカとの戦争に貢献したがらず、逃げることばかり考えている経済エリートどもは、対米戦争で多少ひどい目に遭うのが、よい教訓だ」と思っているのかもしれない。

既述の如く、シナ沿岸部の不可欠の兵站路であり、かつ、経済活動のライフラインともなっているのは中型～小型の商船だ。なかんずく、油脂や石炭や可燃ガスを積んで、海岸から大河川に沿って需要家（軍隊も含まれる）へ配送してまわる沿岸貨物船の果たしている役割が大きい。

それら中型～小型の輸送船舶は、火力発電所へ燃料（豪州炭など）を補給するだけでなく、シナ軍の戦略機動力、戦術機動力、そして訓練維持に必要な石油類も送り届けている。シナには、石油の「国家備蓄基地」はない（あっても開戦初日に爆破され、すべて煙と消える運命だ）。

この沿岸航路が、もしもある日とつぜんに使えなくなったりすれば、まもなくシナ沿岸部は停電になってしまう。工場は、お手上げだ。鉄道網を支配しているのは軍だが、電化を進めてきたために、それも止まってしまう。

さらには、シナ軍の本格的な作戦行動に必要な油脂燃料も、配送されなくなってしまう。

国際海底ケーブルが陸に揚がる沿岸部で、安定した電源が得られなくなっては、そこに拠点を置いているサイバー攻撃部隊も、いささか活動が不如意となるであろう。

シナ軍にとって、沿岸富裕市民の迷惑顔はいくら無視できても、兵站途絶は悪夢となるはず。それが、敵軍と自軍の双方による「機雷戦」により、いとも容易に現実になる。

黄海から南シナ海にかけての海浜に数万個も撒かれた機雷は、一年やそこらでは除去ができないから、戦争が決着したのちも、沿岸部の経済復興はできず、国庫歳入がなくなるから、軍の再建も苦しくなるはずなのだ。

もし米国や日本のような海軍国を相手に戦争を始めれば、過半は自軍の撒く機雷によって、こんにちのシナは衰滅に向かうしかない。

しかるに、中共指導層に、このおそるべき立場の自覚がまったく希薄であるように見える。不思議である。

二〇一二年の春時点で、彼らが軍の掃海部門にハッパをかけている様子はない。掃海隊の大増強も指示していない。

自国の致命的な弱点を認知できず、あたかも、そのような弱点は、ないことにされているようである。なんだか戦前の日本みたいにも思える。

ヒトの最大の武器は「言語（ロゴス＝理性）」による予見力だ。敵を知り己を知る理解力に、もし重大な弱点があるとすれば、国家として水爆ミサイルを何百基有していたところで、双方が人智のかぎりを傾注する戦争に勝ち残ることはできない。

もしかして、「敵を知り己を知る」ための言語能力に、現代シナ人には何か深刻な欠陥でもあるのだろうか。それとも中共幹部は、中共体制の崩壊はいずれ必至と予想し、旧ソ連の共産党幹部たちのように民衆に処刑されずに激動をやり過ごす方策だけに、ひそかに真の関心を集中させているのだろうか。

5　陸戦を占う

米大統領はシナ軍との陸戦を回避しようとする

米支戦争には、両軍が直接に陸上で交戦する局面はほとんどないであろうと予想できる。シナ軍との激しい陸戦は、むしろ、西域（イスラム教地区）やチベットや内モンゴルの国内造反集団、および、ベトナムとインドを筆頭とした接壌《せつじょう》摩擦国とのあいだで生ずるだろう。そちこちで戦闘状態が始まるのは、海上での米支衝突がたけなわとなったときだろう。そして米陸軍特殊部隊もしくは海兵隊は、ヘリコプターを使って、造反軍や接壌隣国軍を支援することができる。

特に夏のヒマラヤやチベット高原では、シナ軍の非力なヘリコプターは満足に飛ぶことができず（空気が薄くて揚力を得にくく、酸素が薄いのでエンジンの出力も下がるため）、アフガン高地で鍛えられた米軍の輸送ヘリコプターを利用できるかできないかの差は大きくなるだろう。ただし「オスプレイ」という米海兵隊の最新ヘリコプターだけは、標高一二〇〇メートル以上の高地では垂直離着陸がうまくできない。

台湾軍がその対岸の福建省《ふつけん》に上陸することはないし、中共軍による台湾上陸もないだろう（北京か台北のどちらかが無政府状態になったときにのみ、その「好機」は生ずる）。

また、北朝鮮の核施設を占領した韓国軍が、勢いづいてシナ東部の朝鮮人地区まで騒がすことになれば、中共軍と韓国軍との陸戦は考えられる。しかし「二手先」まで読んでいると本書の紙幅は足らない。その検討は割愛する。

ロシアは、中共の保有する核兵器貯蔵庫を先制的に核攻撃して一掃したいという強い欲求を抱く。けれども、その実行は、米支間で戦術核兵器が使用され始めるまでは控えようとするだろう。

米国側には、シナ軍との陸戦を嫌う理由がたくさんある。制服軍人の側にいくら圧勝の自信があっても、時の米国政権に、政治的なメリットがないのだ。

ようするに茶の間で不人気になってしまって、次の国政選挙で不利を招く。

シナ本土での陸戦や、占領軍としての駐留を避けたい理由を挙げろと求められれば、米国政治家は「いくらでもあるぞ。これまでの体験を思い出せないのか」と答えることだろう。

近過去を振り返ると、朝鮮戦争は、中共がシナ本土の支配権を握ってから最初の「米支戦争」であった（「北朝鮮軍」なるものは、米軍の仁川《インチョン》上陸作戦の直後に雲散霧消してしまっている）。三年間の血みどろの陸戦の結果は、米国銃後には至ってスッキリしない「手打ち」となった。

朝鮮戦争に続いて中共軍は、高射砲やソ連製対空ミサイルを北ベトナム国内へ運び込んだだけではなく、操作のできるシナ兵にベトナム兵の扮装をさせて、直接に米軍の航空部隊と戦火を交えている。

ラオスやカンボジアを迂回した北ベトナム軍のゲリラ作戦も、中共が人的・物的に、後援していた（カンボジアはそれいらい中共の代理人だ）。ベトナム戦争で名物になった「地下トンネル」の利用にしても、あれは古くからシナの村民が、敵味方の軍隊から物資や婦女を隠匿するために洗練してきた技法の伝授にほかならなかった。

米軍は朝鮮半島に続き、インドシナでも「中共軍」と闘っていたのである。そして、苦《にが》い目をみた。

米軍は、野営中の多数の餓死者・凍死者を出した八年間もの苦しい「独立戦争」の末に生まれた組織なので、長期戦に耐える覚悟はあるのだが、それでも、「泥沼」化したベトナム戦争は、米国の内外イメージを毀損《きそん》し、社会を分断する幾筋もの亀裂を生ぜしめた。

ことには、米国の未来を担うはずの東部のインテリ青年層を反政府指向に傾かせてしまって、後味がひどく悪かった。インドシナへの反共介入は必要だと理解をしていた階層でも、さすがにうんざりせざるを得なかった。この国民的トラウマのおかげで、外国知らずのおめでたいジミー・カーターが、いかにも次世代の救国リーダーであるかのように錯覚されたほどである。

そんなベトナム戦争の悪夢がようやく忘れられた頃に、イラクとアフガニスタンでの「国家再建」の泥沼が始まってしまった。二〇〇一年にラムズフェルド国防長官は、アフガニスタン内の有力な敵ゲリラを、電撃的に追い散らしてみせた（「9・11」テロの計画者、ビン・ラディンの捕殺には失敗）。また二〇〇三年の米軍は、イラクのサダム・フセイン体制も一撃で倒した。しかし全土を占領したはずの時点から、またも「泥沼」がスタートしたのだ。

フセイン元大統領の身柄が二〇〇三年十二月に確保されてから、イラク国内のゲリラ抵抗が下火になるまでに八年間を要した。

パキスタン軍に匿われていたビン・ラディンの射殺にやっと成功したのが二〇一一年。だが衆目は、カブールのカルザイ政権はアフガニスタン全土の治安などとても保てまいと見ている。

もともと「国家」の体《てい》をなしていない地域に、西側式のヤワなやり方で近代国家を建設できるはずがなかったのだ（旧ソ連は強引にアフガニスタンを「近代国家」に仕立てていた）。

救急ヘリコプターや防弾衣や止血器具の進歩のおかげで、イラクでもアフガンでも、米軍将兵の死亡率は、ベトナム戦争とくらべて格段に低くなってはいる。生還したものの、義手・義足、サングラスの姿となった志願兵が銃後で目立つことと、それはイコールだ。ゲリラ側も「ＩＥＤ（仕掛け爆弾）戦術」に特化してコンスタントに米兵に出血を強いている。身体欠損を免れた負傷兵も、顔面から脳へ爆圧（衝撃波）がつきぬけたことによる神経系の後遺症に苦しむという。

このような占領事業を、シナ大陸でもう一回拡大的にくりかえそうか、とは、「シナ人から好かれている」「シナも民主主義国化できる」と勘違いしがちである米国人も、思いはすまい。

古代バビロニアは、その帝国の支配域を拡張するのに、「遠征野戦軍」と「占領軍」とをさいしょから別建てに編成しておくという周到な知恵をもっていた。敵国軍を撃破したあと、敗者の土地に進駐して治安を再建するのは、秩序強制と徴税が専門の、別な大部隊だったのだ。米軍にそうした着想が欠けているのは、米国流政治システム以外の社会秩序というものに無知であるためのみならず、なべて他国は米国流システムに倣《なら》うのが最善なのだと盲信しているせいかもしれない。

いずれにせよ米国朝野には「シナ駐留」の心の準備など、できてはいない。

よって、最もあり得る米軍主導の「陸戦」は、ビン・ラディンの殺害で見せたような、小人数の特殊部隊による一撃離脱作戦だ。ターゲットは、核兵備の内実を知る「要人」と、核兵器そのものになるだろう。

ドサクサにまぎれるようにして、パキスタン軍や北朝鮮軍が保有している核爆弾を特殊部隊に鹵獲《ろかく》させる作戦もあり得よう。

またそれと並行して、ベトナムやインドのような接壌友邦国に軍需物資を陸揚げして補給してやったり、それらの軍の国境防戦を、二線級の特殊部隊をして手伝わせるという作戦も怠らないはずだ。全周から北京の指導部に精神的プレッシャーをかけて揺さぶらんがためである。

そして陸軍特殊部隊（デルタフォース）は、シナ語のできるインテリ工作兵を、ウイグル自治区や内モンゴル自治区にパラシュート降下させたり、沿岸大都市内に潜入させて、反政府暴動に油を注ごうとするかもしれない。

特殊部隊作戦にしろ、ベトナム軍支援、インド軍支援にしろ、ヘリコプターが大活躍するだろう。

エンジン技術の低さからシナ製ヘリコプターは大不振

冷戦時代、米海兵隊は、もしも旧ソ連軍がイラン（パーレビ王制）や西ドイツに侵攻する動きを見せたならば、沖縄の普天間《ふてんま》飛行場に三百機のヘリコプターを米本土その他から増派し、諸作戦に備えさせる予定であったという。これは一九八〇年代の話だ。

ヘリは故障が多い。修理や整備には多大の「マン×アワー」を要する。戦時の前線にはそんな暇はなくなるであろう。だから、故障や損傷で後送される分や、戦地での喪失分を初めから見込んで、スペアパーツではなくて完成機を余分に前送しておこう、と決めていたのだ。

ところで、こんにちのシナ軍が装備するヘリコプターの総数は、他の装備類と同様に不透明ではあるものの、可動機はぜんぶで四百機ぐらいしかないのではないかという話が二〇一〇年頃には信憑性が感じられた（二〇〇八年にはシナ軍が外国記者に対し、五百機未満のヘリコプターを持っていると語ったことがある）。

その後、シナ軍が外国からヘリコプターを大量購入したニュースもないし、国内メーカーが百機を超える単位で生産したとも聞かない。

対する米陸軍は「アパッチ」という強力な攻撃ヘリコプターだけでも六百機以上、「ブラックホーク」という中型輸送ヘリコプターを一千数百機、「チヌーク」という大型輸送ヘリを四百機、「カイオワ」という小型の偵察ヘリを三百機以上も有する。

海兵隊（機種はCH－53、UH－1、AH－1、MV－22、CH－46、無人輸送ヘリK－Maxなど）、および海軍と空軍とコーストガードと民間のヘリコプターはぜんぜん勘定しないでも、それだけあるのだ。

しかも米軍はアフガニスタン等において、ロシアを含む適宜の外国から輸送ヘリを臨時にレンタルする柔軟さも示している。「ミル8」という旧ソ連設計の大型輸送ヘリは、特に〈武人の蛮用〉に適しているようだ。

こんな米軍の圧倒的なヘリ陣容と、フランス製のコピーが中心で性能のはるかに劣った、総計四百機～五百機が、たとえば島嶼《とうしょ》や辺境高原に兵力を空輸しようとして競っても、まず勝負にはならない。

さらにじっさいには、搭載エンジンの分解整備を必要とするまでの運転時間の長さ〈インターバル〉にも米支間で数倍の開きがあるので、開戦から数日たつと、米軍が特に撃墜・撃破などをしなくとも、シナ軍のヘリコプターは、空からほとんど姿を消すであろう。

つまり、百数十万人もの現役兵員数を誇るシナ軍のヘリコプター部隊は、規模不相応に弱々しくて、とても頼りにならぬ。二〇〇八年の四川《しせん》地震の際も、動員された陸軍部隊は、「ヘリコプターが足らんぞ」とぼやいていた。

ヘリコプター戦力は、現代シナ軍（海軍も含む）の一大欠陥である。それはシナ発の宣伝写真だけ見ていたら、わからぬようになっている。米陸軍がいつでも何度でも繰り返し発起できる「ヘリコプター空挺作戦」なども、シナ軍には一回しか実施し得まい。

ではなぜ中共では、それほどまでに軍用ヘリコプターが不振であるのかといえば、それは拙著『日本人が知らない軍事学の常識』でも説明した如く、中共中央が、人民解放軍による台湾進攻を望んでいないからなのだ。

旧ソ連設計の安価で頑丈な「ミル8」系輸送ヘリコプター（その改良型として「ミル17」等あり、輸送型だけで一万機以上も製造された。また武装攻撃型の「ミル24」も「ミル8」をベースにしている）を、ロシアやポーランドの工場から大量に買い付け続けることは、いまの中共の財力なら不可能ではないはずだが、合計二百機ほどで輸入を止めたままである。

中共中央は、シナ陸軍がたとえば一千機以上もの「使える重輸送ヘリ」を保有してしまった暁には、台湾をめぐる米支戦争が、きっと軍人主導で始まってしまうだろうと懸念する。中共中央は、それが体制の自殺行為だとわかっている。

それに、燃費の悪いヘリコプターの厖大な燃料消費が、国内燃料市況に跳ね返って、政府が国民の恨みを買うのも、ごめんこうむりたいだろう。アフガニスタンでは、カブール政府軍の腐敗幹部が、西側から援助されたヘリコプターで麻薬密輸ビジネスを私的に展開している。シナの辺境でも同じことにならぬ保証はない。

そこで中共政府は人民解放軍に、「ヘリが欲しくば国産だ」と宣告をして、意図的にヘリ戦力の拡充ペースをダウンさせるように仕向けているのではないかと疑われる。

現況では、シナ工業界の航空機用タービン・エンジン（ヘリコプターのそれは、ガスタービンでローター軸を回す「ターボシャフトエンジン」に分類される）の製作技術は粗雑で、外見がフランス製のヘリといくら似ていても、その性能はコピー元に及ばない。『日本人が知らない軍事学の常識』でも説明したように、外国製品（ことにエンジン）から寸法を盗むことは簡単でも、「品質」

を盗むことはできないのだ。

ヘリコプターではない固定翼機ならば、主翼が揚力をかせいでくれるから、非力なエンジンでも、滑走距離をうんと長くとればなんとか離陸ができるし、エンジンが飛行中に急に不調になっても、すぐには墜落しないですむかもしれない。しかし軍用ヘリコプターでは、エンジンが非力だとそもそも機体が浮かんでくれぬ。

現代戦に必要な暗視装置やレーダーや防弾鈑をとりつけると軍用ヘリは非常に重くなるものだが、シナ軍のヘリは、そうしたものをほとんど諦めねばならない（この制約は、対潜用の艦載ヘリだともっと深刻で、シナ海軍の対潜ヘリは十分な機材を積めないために、西側の艦載ヘリのような潜水艦狩りができるかどうか、はなはだ覚束ない）。

飛行中に少しでもエンジンの具合が悪くなると、たちまち回転翼は揚力を生み出せなくなる。そもそも頭上でローターが回る形態だから、戦闘機ならばついているパイロット脱出用の「射出座席」というものも、ヘリコプターにはつけられない。ゆえに、おそらく整備体制を度外視してヘリコプターの調達数ばかりやたら増やしたとしても、パイロットたちが命を惜しんで作戦が成り立たなくなるのがオチであろう。

中共は一九七〇年代に、フランスから「ＳＡ－３２１」ヘリコプターを数機購入し、一九七六年からそのリバースエンジニアリング（完成品を全部バラして部品をことごとくコピーしてしまうこと）に着手した。これは契約を踏みにじる背信行為だった。

こうしてできた「SA－321」のクローンが「直8」だ（直は「直昇機」の略で、ローマ字では「Z－8」と表記されている）。一九八五年に初飛行し、シナ陸軍がソッポを向いた（理由は「ミル8」系の方がメンテナンスが楽だからだと思われる）ので、シナ海軍が制式採用した。むろん性能はオリジナルを超えない。

SA－321は一九六〇年代の設計で、フランスでは最後の一機を二〇一〇年に除籍した。軍用ヘリコプターは機体各部の疲労を軽視すると大事故につながる。よって製造後の耐用限界は早く来る。

シナ海軍では二十機ほど使用中だ。二〇一〇年にソマリアへ大型軍艦を派遣したときにも敢えて「直8」を二機、持っていった。ふつうの艦載ヘリとは違い、一機で武装したコマンドー隊員を二十名も運搬できる大型機だから、駆逐艦に載るようなものではない。シナ海軍は、海賊に乗っ取られた貨物船に、このヘリコプターで特殊部隊を降下させる訓練を、さかんにしているのが目撃されたという。

続いてシナ海軍は、駆逐艦にも載る中型サイズのヘリについても、フランスの技術を頼ることにした。「AS－365」のライセンスが一九八二年に（こんどは正式に）買われ、「直9」（Z－9）として四十機ほど製造される。

沖縄沖の海自の艦艇のすぐ近くまでやってきて、さかんに危険な挑発飛行を試みるのもこの「直9」系列だろうが、エンジンの馬力は海自や米海軍の駆逐艦搭載ヘリの半分以下（ちなみに数も海自の半分以下。米海軍と比べるとさらに倍掛けで差は開く)。

それゆえ重い対潜機材を搭載する能力がなく、せっかく駆逐艦や巡洋艦に載せても、軽便な連絡輸送機の働きしかできない。海自や米海軍の中型ヘリは三機も飛べばまちがいなく付近のシナ潜水艦を追いつめて撃沈できるが、シナ海軍の艦載ヘリは、何十機集まろうと、潜水艦探知そのものが不可能であろう。

シナ陸軍は、湾岸戦争でシナ製の装甲車が米陸軍の「アパッチ」攻撃ヘリコプターに夜間に片端から撃破されてしまった映像に衝撃を受け、どうしても米陸軍の「アパッチ」や米海兵隊の「コブラ」のような攻撃ヘリを装備したくなった。しかし、売ってくれる外国はひとつもなかった。一九九〇年代に、フランス、イタリア、南アフリカに打診したけれども、いずれも商談は不成立。ロシアすら断った(ロシアは冷戦期も含め、いまだに一機の「武装ヘリ」も中共へは輸出していない)。

皆、シナ人がただ一機のサンプルを購入したあとで、それをリバースエンジニアリングするつもりだという魂胆について、よく承知していた。たとえば南アフリカの企業は過去に、ミサイル、電子装備、火砲の技術を、大口購入をチラつかせたシナ軍によって、まんまと盗取されてしまった苦い経験を重ねてきた。あとからいくら契約違反を責めても蛙のツラに水なので、シナ人の相手をするほど丸損だとようやく学習された次第だ。

やむなくシナ陸軍は、「直10」という武装ヘリコプターを国内で独力製造させることにした。

これも、技術の壁にぶちあたり、十四年間開発を続けながら、二〇一一年時点でも数機のプロトタイプが飛んだだけ。試験飛行は陸軍の幹部を失望させた。

やむをえずシナ陸軍は、海軍の「直9」を改良させて、無理に〈武装偵察ヘリ〉に仕立てさせている。「直19」という。二三ミリ機関砲を固有武装にしているところから、本音は「攻撃ヘリ」が欲しかったのだろうが、エンジンが非力すぎるので、おそらくは飛ぶだけでも精一杯の機体である。

軍用ヘリの設計の出発点は、つねにその時代の最も軽くて強力な最新エンジンにある以上、「直19」も失敗必至の試みとなるだろう。

ヘリ戦はどんな様相になるか

かつては、強者の軍勢に対抗する弱者は、夜間を利用した。ところが湾岸戦争以降、この図式はあてはまらなくなった。

米軍の航空機が、F-16のような戦術攻撃機から、「アパッチ」のような攻撃ヘリコプター、そして無人機（二〇〇二年に「ヘルファイア」ミサイルで対地攻撃できるようになった「プレデター」以降の機種）にいたるまで、高額で高性能な暗視装置とレーザー照準機をあたりまえのように搭載するようになったのだ。

なにしろ航空機用の暗視装置は軽く数千万円のオーダー（歩兵用だと数百万〜数十万円）にな

るから、米軍のように数も質も充実させることは、NATO同盟国を含め、他国軍には真似しがたい。

米軍に対した敵軍（ゲリラを含む）は、真夜中の暗闇の中、とつぜんに爆弾やミサイルや機関砲弾を正確に浴びるようになった。F-16は高度五〇〇〇メートルくらいから投弾するからエンジン音はめったに聞こえない。いちばん低く降りてくる攻撃ヘリも、ちょっと水平距離が離れていれば、地上の歩兵からは音が聞こえないことが多い。

いつのまにか、米軍こそが「夜の戦場の支配者」となってしまったのだ。「動画」付きで威力が宣伝された「アパッチ」ヘリコプターの夜戦能力をシナ軍が欲しくなったのも、むりもない。

二〇〇九年までに米軍は、電気もないアフガンの村を深夜に大型輸送ヘリコプターで急襲し、高性能な暗視装置をヘルメットに取り付けた特殊部隊員が、終始照明を一切用いずに一軒一軒しらみつぶしにゲリラを捜索し、捕殺して引き揚げるというミッションも、随意に実施できるようになった。

米支開戦となれば、序盤で対空ミサイル陣地が潰され、夜間には米軍ヘリがシナ本土で跳梁するようになるだろう。たとえば原潜基地のある海南島には、空中と海中から米軍の偵察隊員が送り込まれる可能性が高い。

シナ陸軍にとっての慰めは、シナ軍が国産品をたくさん用意できる、肩射ち式の対空ミサイル（水平射程四キロメートル）で、いちばん撃墜してやりやすい飛行機が、ヘリコプターだという事実だ。

さすがに夜間だと照準はつけられないだろうが、昼間ならば、歩兵によって米軍の「アパッチ」攻撃ヘリと刺し違えることも不可能ではない。したがって昼間は米軍ヘリの接近は阻止できる。

ジェットエンジン付きの固定翼の大きな輸送機も、離陸直後や着陸直前はスピードが遅く、肩射ち式の対空ミサイルを当てやすいのだが、それなりに頑丈であるため、小破はしても、墜落には至らないようである。これは過去の統計で証明されている。

ところが大型のヘリコプターはそうはいかない。二〇一一年八月、アフガニスタンで、タリバン拠点に対する夜間奇襲に出動した精鋭部隊シールズなど三十八人を乗せた「CH－47」輸送ヘリコプターが、二〇〇メートルほど離れたところから、敵ゲリラが音だけを頼りに暗闇に向け発射したRPG（無誘導の対戦車ロケット弾）一発により脆《もろ》くも撃墜され、全員が死亡してしまった。

どんな高性能ヘリも、離着陸のときだけは、前進速度がゼロとなる。ことに着陸のさいには、早く降りようと操縦士が焦れば、自機のローターが引き起こした下降気流のために墜落してしまうことがあり得る（特に夏場の高地）から、ごくゆっくり高度を下げていかねばならないのだ。大型ヘリコプターは、音もうるさいから、いいマトになってしまう。

米軍の経験によれば、地上からヘリが六回攻撃を受けるたび、一発の命中弾があるという。重機関銃弾一発では、軍用ヘリは滅多に墜落しないが、撃墜される場合の原因は、やはり一二・七ミリ以上の自動火器によるものが多い。二〇〇三年のイラクでも、一四・五ミリ機関砲によって米軍ヘリが撃墜されている。

ベトナム戦争中の一九六六年から七一年にかけて、米軍のヘリコプターは二千七十六機も撃墜され、またそれとは別に二千五百五十六機が事故で損耗した。ベトナム戦争中の米兵の戦死傷の一四・六パーセントが、ヘリ墜落に関連したものであった。こんにちでは、ヘリコプターの性能も、またパイロットの回避訓練も、ベトナムの教訓を活かして改善されているので、このようなスコアが米支戦争で再現されることはないだろう。

特殊部隊とダムダム弾

兵頭いわく、最良のファイアーパワー（火力）は、敵の精神に働きかける。

アフガニスタンで、剽悍《ひょうかん》なゲリラたちが最も恐れるのは、空からとつぜんミサイルで攻撃されて爆死することではないという。米軍（やNATO軍）の、姿の見えぬスナイパー（狙撃手）から撃たれてしまうことだそうだ。やられたときの無力感、敗北感が、格別らしい。

米軍の歩兵中隊には、狙撃専用銃を持ったスナイパーが一人以上いる。暗闇の中、このライフル弾一発によって仲間が射殺されると、他の敵ゲリラはあきらかに動揺するのが認められるという。

イラクは沙漠の国ながら、ゲリラが跳梁するのは都市に限られていた。だからサダム・フセイン政権崩壊以後の米軍の戦闘も、基本的に市街での対ゲリラ戦だった。

見通しのよい平野で、射距離二〇〇メートル以遠から小銃で撃ち合うような戦争はもうないであろうとの読みから、米軍はベトナム戦争時代から親しんだM－16自動小銃の銃身二〇インチを一四・五インチに短縮し、装甲車内や屋内など狭いスペースでとりまわしやすいM－4自動小銃を研究させ、それは一九九八年以降の戦争から使用され始めた。

げんざい、米陸軍将兵百十万人に対し、M－4自動小銃四十万梃が調達されている。特殊部隊にいたっては、そのM－4よりももっと銃身を切り詰め、一三・八インチにした特注武器にしている。

ところが、この洗練された軽便な小銃が、アフガニスタンでは悪い評判をとった。名にし負う山岳地で、ゲリラは稜線を二つ、三つ越えたところに隠れて移動し、その稜線を楯にとって防禦するから、互いに距離が詰まらず、銃撃を交わす距離が三〇〇メートル以遠、しばしば五〇〇メートル以遠に延びてしまう。五〇〇メートルといえば、一人の敵兵を肉眼で見分けられるギリギリだ。また狙撃専用銃に望遠スコープをとりつけたとしても、ふつうの兵隊は距離八〇〇メートルで一弾も当てることはできないといわれる。

さすがにそんな距離での交戦となれば、「〇・二二三インチ（＝五・五六ミリ）」口径のM－

4小銃の弾丸は、軽量であるために横風に弱く、おまけに短銃身でタマのスピードも出ないから、スコープで狙おうがどうしようが、当たらなくなる。

もともとこの五・五六ミリ弾は、ソ連製のAK－47自動小銃を携行するベトコン（南ベトナム領内に違法に便衣で潜入していた北ベトナム軍所属の挺進ゲリラ）よりも、米兵のひとりあたりの携行弾数を増やす必要が感じられたことから一九六〇年代に制定された軽量高速弾で、旧来の米ソ標準の七・六二ミリ弾よりも弾丸が軽い分、「ヨー効果」（先端が尖った小銃弾は、高速で人体に貫入すれば必ず弾尾が前へ出ようとしてジャックナイフ挙動を起こすが、そのさい弾丸が折れて砕片化し、貫通すれば無駄になってしまう運動エネルギーのすべてを敵の体内に与え尽くす。銅で被套《ひとう》してあり、ムクの鉛弾ではないからハーグ条約の「ダムダム弾」にはあたらないと米国は主張する）により「ハイドロスタティック・ショック」すなわち「水圧機の原理の衝撃」を全身に及ぼさせて、致命傷でなくとも敵兵を瞬時に立っていられなくするように計算されていた。

しかるにこの「横転→砕片化」現象は、五・五六ミリ弾の人体貫入速度が毎秒七六〇メートル以上でなくば生じないのだという。銃身が長いM－16は射距離が二〇〇メートルまでも弾速は七六〇メートル／秒以上あったのだけれども、銃身を短くしたM－4は、射距離が五〇メートルを超せば弾速が七六〇メートル／秒以下になってしまうという。

それでも常用交戦距離内で、確実に旧式のスチール製ヘルメットを貫通できる五・五六ミリ弾を米軍は使い続けたい意向であったが、頻々と届けられる戦闘詳報を見て、気が変わった。

二〇〇八年六月のこと、アフガニスタンの山岳中に「出丸」のようにして築かれていた哨所「ワナット砦」が、タリバン兵士二百人に包囲されて孤立。すんでのところで全滅しかけた。守備兵たちが助かったのは味方の航空支援のおかげであって、手持ちの小銃と軽機関銃だけでは、タリバン兵の接近は止められなかったという。

二〇〇九年十月には別な「キーティング」哨所がタリバン軍に襲撃され、八名の米兵が戦死し、二十二名が負傷した。やはり「五・五六ミリの弾が当たってもゲリラは倒れてくれない」と兵隊たちは証言した。

小さな銃弾を受けた兵隊がなぜ即倒するのかについては諸説ある。ひとつには、体内の急な内出血を感知した脳が、足など末梢に行く血流を止めるからだという。弾丸が、太い血管や背骨を外れて、たとえば肺だけを貫通したような場合には、激しい内出血が感知されず、即倒しない場合もある。「ヨー効果」ならこのような場合でも、神経にショックを与えて敵兵を麻痺させることができる。しかし短銃身のM－4小銃では、交戦距離が五〇〇メートル以上にもなるアフガニスタン戦域で「ヨー効果」は望めない。

そこでとうとう米軍の特殊部隊（陸海空のすべてにある）と在アフガンの海兵隊は、〈ダムダム弾もどき〉である「SOST」という五・五六ミリ弾丸の採用に二〇一〇年から公式に踏み切った。

「SOST」弾は、もともと一九八五年に開発された狩猟用のタマで、鉛の弾芯のまわりを銅で被套してあるのだが、尖った先端の部分だけ、ほんのちょっとだけ、被套がない。そこは、弾芯の鉛がむきだしにされている。このため動物や人体内に貫入すると、マッシュルームのような形に潰れ、無駄に貫通せずに盲貫（停弾）となりやすく、「ヨー効果」に頼ることなく、「水圧機の原理の衝撃」を、標的の全身神経に及ぼせるのである。

これを「戦時国際法違反ではない（ダムダム弾ではない）」と強弁するところが、おそろしい。海兵隊の法務セクションに言わせると、アルカイダもタリバンもジュネーヴ国際協定（Geneva Convention）の署名団体ではないし、米国が批准している一八九九年のハーグ陸戦条規のかぎりにおいて、この弾丸は「不必要な苦痛を与える」目的で設計されてはおらず、ダムダム弾ではないのだという。

大口径化の模索

米陸軍の方はまだ少し遠慮というものがあり、特殊部隊ではない一般の将兵に「SOST」弾を使わせる動きはない。彼らのM－4小銃から発射するのは、先端が鋼鉄、それ以外がすべて銅ムクの弾丸である。二〇〇九年に、米国内の射撃訓練で消費する小銃弾から一切鉛を追放しようとして、「ビスマス－錫《すず》」合金を弾芯に採用（先端は鋼鉄、外周は銅被套）することに決めたのだが、この合金が熱地では具合が悪く、二〇一〇年から「銅ムク（したがって被套なし）＋鋼鉄先端」に変更されたものだ。

敵の体内で砕片化することがなく、よって盲貫よりも貫通弾となるから、ゲリラに対する一発即倒力は足りないが、六〇〇メートル飛翔したあとでも旧式スチール・ヘルメットを穿孔《せんこう》する力があるのだから、近代小銃としてまったく不足はない。

近代国軍同士の戦争では、もし兵士の体のどこかを小銃弾が貫通したのなら、「ツバでもつけとけ」と言うわけにはいかず、その兵は前線から後退して治療を受けるよう命じられる。これで小銃としての目的は十分達成されるので、即死の場合よりもむしろ敵の負担させられる短期的な不便は大きくなるほどだ。なぜなら銃創で後送された傷兵は、最低数週間は戦力外となるが、応急手当てや搬送のために、かれ以外にも一人以上のマンパワーが一時的に前線から割かれねばならず、しかも負傷者が糧食その他の補給品を引き続き消費し続けることは、健全な兵士と異ならないからだ。

米陸軍はけっしてアフガニスタンの教訓を軽視しているわけではない。抜本的な火力強化策も模索している。小銃および分隊軽機用の五・五六ミリ口径を、ふたたび元の七・六二ミリ口径にもどすという「どんでん返し」まで検討している。さりながら大所帯の陸軍では、歩兵銃の口径変更など、簡単にできぬ話である。

そこで、とりあえずギャップを埋めさせる試行として、「八・六ミリ」という遠距離狙撃専用の新弾薬の導入が考えられている。

この実包は「〇・三三八インチ・ラプア・マグナム」といって、一九九〇年代から民間用に市販されており、外国軍や米国内の一部の警察の狙撃手のあいだでは絶賛されていたのだったが、米陸軍は、弾薬補給体系の混乱を嫌って、導入に慎重だった。

しかるに二〇〇九年十二月のこと。アフガニスタンに派遣されていた英国陸軍の狙撃手、クレイグ・ハリソン伍長が、ラプア・マグナムの口径八・六ミリ弾を発射する重さ六・八キログラム（スコープ等を除く）の「L115A3」という最新型狙撃銃を用い、距離二六二〇メートル先の二人のタリバン・ゲリラを続けざまに射殺して、記録をつくった。

それ以前だと、一二・七ミリの重機関銃のタマを単射できる大型狙撃銃による二五七三メートル先の対人狙撃成功例が、二〇〇二年にやはりアフガニスタン戦線でカナダ兵によって記録されていたのだったが、そうした一二・七ミリ狙撃銃（米陸軍も部隊に持たせている）は、どれも非常に重くてかさばり、歩兵が担いで行軍できるようなシロモノではなく、前線で不人気であった。

ハリソン伍長は、一二・七ミリ狙撃銃の半分の重さの特殊狙撃銃によって、より遠くの敵兵を斃《たお》せることを立証したのだ。これで、米陸軍が八・六ミリを導入しないでいることは不可能な風向きとなった。

なお付言しておくと、近代軍の狙撃は「スポッター」と「シューター」の二人組で任務に就く。スポッターが次に射つべき目標を選び、レーザーで距離を読み、シューターは照準と狙撃に集中する。その間、スポッターが自動火器を手に四周を警戒し続け、着弾の結果も見定める。

ハリソン伍長の成果をGPSに基づいて上官に報告したのも相棒のスポッターである。それが後日にあらためて精密測量され、新記録として英軍に公認されたのだ。

ふつう、米軍（やNATO軍や自衛隊）が歩兵小隊に混ぜている狙撃手は、口径七・六二ミリの弾薬を使う。それによってなんとか狙撃ができるのは、大きなスコープをとりつけていても、八〇〇メートルまでだという。商品カタログ的には、一〇〇〇メートル以上でも当たると宣伝されるが、それは敵兵が多数密集しているような例外的な場合だろう。

さらに小口径の六・五ミリ弾だとか、シナ軍小銃の五・八ミリ弾では、横風の影響を受けてしまうために、いくらスコープや二脚を付けたところで、八〇〇メートルの狙撃は企てるだけ無駄となる。

しかし八・六ミリ弾だと、「弾道環境センサー」で気温、気圧、湿度、風向、風速をリアルタイムに測定し、それを小型計算機もしくはスマートフォンに読み取らせれば、特製ソフトウエアが照準器の修正量を適確に表示してくれるので、軽々と一二〇〇メートルとか一五〇〇メートルもの狙撃ができてしまうという（ハリソン伍長のケースは特例的に諸条件が理想的だったもので、二キロメートル以上の狙撃をいつでもどこでも再現できるわけではない）。

こんにちではゲリラも敵政府軍も、しばしば住民を「盾」にとってくる。ゲリラならば人通りのある街路を移動する。二〇一一年のリビア政府軍は、高射機関砲の陣地が市民の雑踏の中にわざと据えられたものだ。

そこで、こちらが地上軍であれば、狙撃チームを駆使することで、コラテラルダメージ（副次加害）を抑制するのが望ましい。理想的には、一〇〇メートル以内にまで近寄らせることができれば、スナイパーが無辜《むこ》の住民を傷つけてしまうことはなくなるという。

シナ軍は、何でもソ連軍やアメリカ軍の真似をするというスタンスだったので、みずから不利な罠にはまった状態だ。米軍が、アフガンの経験から旧い七・六二ミリ口径を再評価し、一歩進んで八・六ミリにまで注目しようという最新トレンドには、シナ軍は取り残されざるを得ない。

中共軍はまさに反対に、五・八ミリという、長距離狙撃のぜったい不可能な小口径を、全軍の小銃と拳銃用に隅々まで普及させようと努めているところだからだ。

小銃と拳銃を同じ口径で揃えねばならぬとする強迫観念は、戦前のソ連式である。第二次大戦中ならば、銃身用の棒状鋼材や中グリ工具（細長いまっすぐな穴を切削《せっさく》加工する）を共通にでき、町工場で歩兵銃の長い銃身をまっぷたつにして、簡易火器のサブマシンガンを二梃製造するという荒業も可能なため、好都合だった。だが、ほんらい小銃と拳銃とでは、薬莢の大きさも、弾丸の形状も、銃腔の綫条《せんじょう》も、銃身の肉厚も、合金組成も異なるのがふつうなので、こんにちの生産財過剰時代に軍用小銃と拳銃の口径だけ統一する意義があるのかは疑わしい。

そしてまた、これもシナ人らしかったが、一九九七年の香港回収記念式典で、是非とも英国軍に負けないモダンな外見の新型小口径自動小銃（95式と呼ばれ、口径は旧来のソ連系の七・六二ミリを脱して五・八ミリを採用）をパレード部隊の歩兵に持たせたいと、中共軍の最高幹部が念願したのである。おかげで95式自動小銃は、細部の完成度がかなり低いままで、シナ軍の主力小銃として制式制定が急がされ、量産に移行してしまったのだ。この欠陥銃の改善型は、ようやく二〇一二年の香港回収記念式典にもちだされてきた。これから更新が進められるのだろう。

いずれにせよ米四軍以上の大人数であるシナ陸軍は、いまさら七・六二ミリに戻すと決めることなど、できるものではないだろう。

ヘルメットと防弾衣とステロイド剤

小火器の威力が向上する一方で、兵士個人の防弾技術も進化する。

第二次大戦中の各国軍の鉄帽は、十九世紀の野砲弾である榴霰弾《りゅうさんだん》（鉛の小球がピストル弾以下のスピードで、斜め上からアラレのように降ってくる）はストップできたが、拳銃弾を近くから撃たれれば簡単に孔《あな》があいてしまう薄さで、いわんや超音速で飛来する小銃弾や榴弾破片は阻止ができなかった。だから軍隊によっては、首の筋肉疲労を厭う将兵が、防弾力ゼロのベレー帽を、むしろ好んだ。

しかし一九八〇年代に、ケヴラーという、デュポン社が開発した強靭な合成繊維を使った防弾胴衣が、拳銃弾までなら確実にストップできることが知れわたるようになり、警察や民間に普及したのに続いて、それをヘルメットに成形したものが開発され、警察の突入チームや小所帯の外国陸軍（先駆けたのはイスラエル軍）に採用された。

米陸軍のケヴラー製ヘルメット「ＰＡＳＧＴ」（愛称「フリッツ」。旧ドイツ軍のヘルメットに外見が似る）は、一九九〇年の湾岸戦争までには、全軍にいきわたった。スチール・ポット（鉄鉢）と呼ばれた第二次大戦型ヘルメットに比して何倍も高額だし、米軍は人数が多いから、こうした新制式の採用を決めるのにも大手間を要したのは自然であった。

非金属のケヴラー製のヘルメットは、じつは旧式の鉄帽よりも重い。そのかわり、首の筋肉にかかる重心位置を工夫し、また、着装して走るさいのグラつきを極力なくすことで、兵士の疲労感を軽減するようにした。

二〇〇三年にイラク占領作戦が発動され、先の見えない対ゲリラ戦争が始まると、前線の米兵たちの切実な要望から、改善型のケヴラー製ヘルメット「ＡＣＨ」が生み出され、二〇〇五年に制式採用。それからわずか二年でＰＡＳＧＴを更新した。

さらに二〇一一年には、アフガニスタン戦線の米兵たちをより強力にプロテクトするため、ケヴラーとは異なる超高分子ポリエチレンを熱塑製した「ＥＣＨ」という新式ヘルメットが導入される。なんとこのヘルメットは、拳銃弾はおろか、あるていどの遠距離から発射された自動小銃のライフル弾までストップできるという。

調達価格は一個六百ドルで、ＡＣＨの約二倍するのだが、現在従軍中の兵士の命のためなら、このような予算は確実に通すというところが米国流であろう。

ＥＣＨのデザイン上の工夫は、片目用のバイザー投影モニター（そこに文字や地図などが映し出される）を庇《ひさし》のように下ろして走っても、そのスクリーンが決してグラグラしない安定性にある。少しでも揺れれば、文字など読み取れるものではないからだ。

そして、うなじ部分は大きく、切り欠かれている。これは、臥せ射ちの姿勢をとったとき、防弾ヴェストの高い襟の壁が当たらぬようにとの配意だが、パトロール中にＩＥＤ爆発をくらった場合には、そこが危険な隙間となってしまうので、海兵隊では、可撓性《かとうせい》の首筋防弾パッドを別途調達して隊員に支給している。

ヘルメットから防弾衣、そして暗視装置や高性能救急止血帯（胴体の出血を止められる）など、米軍が最前線の将兵に持たせてやっている個人装具のコストは、トータルするとおそるべき金額だ。

目につくところ、ことごとく米軍の猿真似に努める最近のシナ軍でも、こういうところは真似ができない。支給すべき兵隊の人数が多すぎるからだ。

技術的には、たとえば〈米軍用ヘルメットの最新原料が、工場公害がひどいためシナ国内で生産させていた〉という冗談のような話もあるぐらいで、アイテムのひとつひとつをコピーすることは、シナ軍にとっては難事ではない。

けれども、はたして兵隊ひとりの救命のためにいかほどまでの投資を真剣に考え、まじめに実行するかとなったら、「員数外（簿外）ピンハネ贈賄」文化が前世紀からこんにちまで持続するシナ軍の徳を多とするシナ兵はおるまい。

他方で米軍は、別な難問に直面しつつある。

アーマーヴェスト（日本でいわゆる防弾チョッキ）とヘルメットに加えて、各兵で携行しなければならない電池の重量が嵩《かさ》み、兵隊が常続的に負担しなければならぬ荷重が、たいへんなことになっているのだ。アフガニスタンのように徒歩で連続数日間も山岳をトレッキングする必要のあるような土地では、兵隊が膝や腰を傷めるようになってしまった。

電池は、デジタル通信機（最近はスマートフォンによる代替が進みつつある）や電子機材（暗視装置やレーザー測遠機やビデオカメラなど）がいつも必要とするもので、電圧が低下するとハイテク機材も無価値化するから、予備電池を何本も持ち歩いていなければならない。そして、放電しきった電池も、捨てていけない。ぜんぶ基地に持ち帰り、充電して再使用するからだ。夏の盛りなど、これは途方もない苦行となる。

アフガニスタンにローテーションで派遣される米兵たちは、しばしば、膝や腰の故障を防止するために、ステロイド剤で筋力の増強に努めている。女性兵士の場合は経口避妊薬によって生理も止めている。

「地雷戦争」の悪い予感

ここまでタフな軍隊と真正面から野戦でぶつかろうなどという欲望は、現代シナ軍にはないであろう。

自家宣伝に中毒し、「シナ軍は米軍よりも強い」と勘違いしている少壮将校がいないとは保証のかぎりでないものの、上層幹部はそこまで判断力が麻痺してはおらぬだろう。

かたや米軍の側も、攻撃的な陸戦の必要があるときには、できるだけその勝負を夜間に求め、しかも、いつでもヘリコプターで撤収できる少人数の特殊部隊に挺進させるか、ベトナム軍やインド軍やモンゴル軍やカザフスタン軍など接壌外国軍を後援する（ホスト国の言語に通じたCIA隊員やデルタフォース隊員がアドバイザーとして立ち交じる）ことにするだろう。米軍の大部隊が、シナ本土で派手な大会戦などくりひろげて凱歌をあげたところで、米国政府は政治的にメリット・ゼロだ。

米支両国ともに、対人地雷を禁ずる一九九七年の国際条約や、クラスター爆弾を禁止する二〇〇八年の国際合意には拘束されない（ベトナムも同様である）。

米軍は、ヘリコプターやロケット弾でハイテク地雷を撒く名人である。かたやシナ軍は、各種地雷のストックをどれほど抱えているかわからぬほどである。

あのカンボジアのジャングルは、無料で気前よくプレゼントされた「メイド・イン・チャイナ」の地雷で埋め尽くされた。

安価だし、技術的には原始的な地雷でも、その危害と除去作業のために人々がどれほど苦労をさせられるかは、すでに世界は周知だ。

そしてまた、イラクやアフガニスタンをパトロールする米兵が、いちばん恐ろしがってビクビクしているのが、ＩＥＤという〈広義の地雷〉であることも知れわたっている。どうして、シナ軍としてそれを活用しない手があろうか。

シナ軍はなにも、硝酸アンモニウム肥料などから、仕掛け爆弾を手作りする必要もない。道路には、ホンモノのＴＮＴ地雷を埋設できる。建物には、工兵用の高性能プラスチック爆薬を仕掛けられる。

米国の戦争指導部は、多数の義足の傷痍軍人を空港で迎える未来図など願い下げだし、戦後に「地雷とクラスター不発弾を大量にシナ本土に残した」と非難されるのもつまらない。コマンドー奇襲攻撃や、ベトナム軍などを代理人に立てた地雷戦だけが、合理的な選択余地になるだろう。

生贄としての「主力戦車」

そもそも米支両軍のあいだの直接の大規模な陸戦は発生しようもない以上、シナ軍の保有する「戦車」と米軍の地上部隊が交戦したならどうなるか――などと予想するのも、詮がない。

シナ軍の戦車や装甲車は、米軍の航空戦力にとっては、破壊すると「絵になる」標的なので、半ば面白半分に、各種の爆弾、ミサイル等によって攻撃されるだろう。そのビデオ映像は、戦争中から世界に配信され、米四軍がそれぞれに手柄を主張する「証拠」にされる。米陸軍すら、こんにちでは有人の対戦車ヘリだけでなく、無人機（プロペラ推進・固定翼）からも対戦車ミサイルを発射することができるから、陸上部隊を一兵も送らなくても、空からの対地攻撃には参戦できるのである。

こうした動画は、米国銃後や局外に位置する世界じゅうの諸国民の茶の間に日夜、スペクタクルを供給し、飽きさせないであろう。

シナ軍の戦車が一方的に何千両破壊されようと、周辺諸外国が感じているシナ軍の脅威に変化はない。こんにちのほとんどの地域では、戦車は、とっくに隣国を脅かす手段ではないのだ。こんにちの戦車の敵……というか、戦車で有効に制圧のできそうな相手は、敵国軍の機甲部隊ではなくて、装備が格段に劣った反政府ゲリラやテロ・グループであり、あるいは火炎瓶以上の対戦車武器をもたない自国内の暴徒たちである。

だから、そういった治安秩序の崩壊の心配をさほどしなくてよい先進国政府は、近年ではどんどん自国陸軍の戦車の定数を減らしてしまって、余剰の重戦車を、治安維持の必要を逆に強く感ずるようになった外国に売り飛ばしている。たとえばドイツからは、中古の「レオパルト2」型戦車が大量にサウジアラビアへ転売されつつある。

中共は、むしろ治安維持のために戦車をおびただしく増やしてきた。もちろん、「質よりも量」という選好だ。米軍やドイツ軍の新鋭戦車に外面だけ似せているけれども、列強の戦車の開発装備史や現代戦車戦史に詳しい者の眼はごまかせない。あれは「T－72」という旧ソ連の古い戦車をもとに、見た目だけ現代風にしている「格好のみ新世代の旧世代戦車」である。

中共軍に、戦車を用いた実戦の体験というものがすこしでもあったならば、それでも一目は置かれるだろう。だが、かれらには戦車を戦場で使った経験値もゼロなのだ。米軍を敵とする実戦で、シナ軍の戦車兵たちを待っている運命に思いを馳せると、そぞろ同情をしたくなるほどだ。

シナ軍の厖大な戦車が、空から一方的に米軍に叩かれて全滅していく様子がビデオで世界に配信されれば、シナ領内の反政府勢力は元気づけられるだろう。そうなると、他国の歴史に無知な米国人が大好きな妄想シナリオ——「自由を求める民衆が専制的な政府を倒す蹶起《けっき》」の背中を押す効果がある、と期待されてしまう。

三軍（海軍航空隊だけは、さすがに海上目標や港湾施設に破壊の努力を集中するだろう）が、そのように力説することで、ホワイトハウスの文民指導部も、三軍による空からの面白半分の戦車狩りを（その必要があるのかどうか大いに疑問でも）是認するしかないだろう。

広い敵国の上空を思う存分に有人機が飛び回って、敵軍の戦車を次々に破壊するなどという壮快な戦争は、爾後《じご》はもう考えられはしない。だから有人攻撃機のパイロットは、「ここを先《せん》途《ど》」とばかりに、休養も辞退して前線飛行場から反復出撃し、〈最後の思い出づくり〉に励むことだろう。

本書はシナ人にアドバイスを与えることが目的の本ではないが、ごく常識的に評し得ることとして、中共陸軍は、米軍を仮想敵として意識しているくせに、その装備にも、その編制にも、その訓練思想にも、いかにして米軍を迎えて野外や都市部で「対空防禦」をするのかという着意が、なさすぎる。唯一の例外は、ＧＰＳ誘導爆弾の精度を劣化させてやる「ＧＰＳ信号攪乱《かくらん》装置」だろうが、それとて、もう米軍（在韓米軍）には効かないことは、北朝鮮によって確かめられてしまっているのだ。

シナ軍がやっていることは、漫然と米軍の物真似をして、「強者の軍隊」を組み立てることであるように見える。これが国防大学かなにかの学生の答解だったとしたら、落第点をつけられるのがふさわしい。シナ人は、一九九一年や二〇〇三年の米軍の空襲から生き残った元イラク軍人たちに徹底的なインタビューをして、他者の経験から学ぶところから、やり直すべきなのだ。

空輸のできる耐地雷構造の兵員輸送車が活躍

米支戦争を占うとき、陸戦用の装備品の詳細に立ち入ることはほとんど意味がないであろう。が、もし米軍が、カザフスタン、キルギス共和国、タジキスタン、アフガニスタン（ごく短いがシナと国境線を共有している）、もしくはモンゴル方面から、それぞれシナ領内の反政府運動に策応しようとする場合には、Ｃ－１３０輸送機などで空輸されて急速な展開ができる装甲車が、長駆の進攻を企てるであろう。

この装甲車は、八×八輪駆動の「ストライカー」と呼ばれるシリーズ。基本型は重さ一七トンで、これは、戦術長距離輸送機の決定版「C－130」に搭載して、不整地や急造飛行場に着陸することの可能な上限の重さだ（舗装滑走路ならば二〇トンまで）。しかも、装軌式（履帯《りたい》で走る）よりもメンテナンスの負担が軽いから、急造の前線飛行場から自走で五〇〇キロメートルも戦略機動してくれる。操縦担当は二名。それプラス、武装兵九名を「お客さん」として運べる。

昨今の歩兵は、対戦車ミサイルや対空ミサイルまで携行しているし、米軍の場合、空からの手厚い掩護が付くので、兵員輸送車に特段の固有武装は必要ないが、いちおう車内からリモコン式に一二・七ミリ機関銃も操作し得る。

車体はもともとスイスで設計されたもの。昔からスイスの軍需メーカーには多数のドイツ人技師が就職しているので、実態としてドイツ製と思ってもいいかしれぬ。

冷戦時代の米陸軍は、歩兵輸送車までも装軌式として機械化した重厚な師団を単位として、西ドイツでソ連軍と決戦する心算であった。

が、冷戦後、もはやそんな師団という独立戦略単位では米国の国策遂行にとっては鈍重にすぎる（世界の涯《はて》で何か起きたときに、緊急展開させようとしても準備に何カ月もかかってしまう）とみなされるようになった。

そこで新編されたのが、このストライカー装甲車×三百三十二両をもって編成する「ストライカー旅団」だった。

いま、米陸軍は三千三百両ほどを保有しており、改良型として、底板をV字断面にしてIED（地雷）の爆風をできるだけそらす工夫も研究されている。アフガンでは、これらの装甲車の真下でIEDが爆発すると、車体は激しく真上に突き上げられ、それがまた着地するときの二連続衝撃で、乗っている米兵の多くは、背骨を傷《いた》めてしまうといわれている。

かたやシナ軍も、ストライカーを物真似した「09式装甲輸送車」を二〇〇九年から部隊に配備し、ストライカー旅団を模倣した部隊改変にも着手している。米軍が二〇〇三年のイラクを、ストライカーおよび「LAV」という装輪戦闘車両でまたたくまに占領してしまった業績に、感銘を受けたようだ。

「09式」より前のシナ製の装甲車や装甲戦闘車は、すべて旧ソ連圏の製品をコピーし、カスタムしたものであった。しかし冷戦期の最後の段階でソ連軍の主力装甲車であった「BMP」シリーズも、とにかく車内が狭すぎて、たとえばまともな赤外線装置をとりつけようと思ったなら、機械を車外にくくりつけなければならないほどで、使い勝手が悪すぎた。

そこでウクライナから、重さ一八トンの六輪装甲車の技術を買って、「92式装甲輸送車」を国産したりしていたが、「09式装甲輸送車」あたりからは、シナ軍も欧米製の車両兵器を模倣するのが一番だと気づいた様子である。

中共陸軍は、六輪装甲車に一〇〇ミリ砲を搭載した軽便戦車も二〇〇二年に採用し、「PT

L02」と称した。備砲は二〇〇九年には西側と同じ口径一〇五ミリとなった。

この二一トンの軽便戦車は、対戦車戦闘は考えてはおらず、掩蓋付きの機関銃座など敵歩兵の拠点を遠くから制圧するのが目的らしい。水上を時速八キロメートルで浮航もできるので、島嶼《とうしょ》の争奪戦に投入されるのではないかと勘ぐる向きもあるが、二一トンで砲塔付きの車体となると、表面積を装甲の厚さで割らねばならないので、どうしても防禦力は薄弱になる。おそらく二〇ミリ機関砲弾で撃たれても穴だらけにされてしまうだろう。こんにちでは弱小のフィリピン軍といえども、対戦車ロケット弾くらいはもっているから、これらの軽便戦車は、戦車に似てはいても、戦車のように使える装備ではまるでない。

砲戦があるとしても大砲の出番はない

アフガニスタンでの試行錯誤は、米陸軍の砲兵の装備体系に、将来の明瞭な指針を与えてくれた。ＧＰＳその他の誘導方式による、安価な「短距離地対地ミサイル」が、旧来型のシステムの野戦砲兵の代わりになっていくだろう。いまや、十人未満の敵の小部隊に対しても、惜しみなくミサイルが発射され、誘導爆弾が投下されるという時代なのだ。

冷戦時代末期に米軍は、〈最前線の観測員が照射したレーザーの反射散乱源に対して自律誘導で突っ込む一五五ミリ砲弾〉というものの開発を、大金を投じてスタートさせた。二〇キロメートル以上も後方の地上に位置する味方の砲兵隊からの射撃によって、ソ連軍の戦車を一両一両撃破してしまいたい、と考えたのだ。

冷戦後、この「誘導砲弾」には一応の目処がついた。動く目標に対して、誤差二メートルで着弾する。

しかし、一発の値段はとんでもないものであり、なおかつ、最前線に誘導の専門係を置かねばならないという面倒があり、また、その砲弾を三〇キロメートル以上飛ばそうと思ったら、発射する大砲もものすごく豪勢な新型に替えなければならない。その維持費がまた、えらいものだった。

すでに米陸軍は、榴弾砲とは比較にならない機動力をもつヘリコプターや、無人機「グレイ・イーグル」から対戦車ミサイルをふんだんに発射できるようになっており、そっちに頼った方が、はるかに「コスト対パフォーマンス」比は佳良であるとの結論が出ているように推定される（公開されている資料で、そこまで明言したものはないが、ほのめかしている報道は多数ある）。

アフガンでおおいに評価され、期待されるようにもなったのは、直径二二七ミリ、射程八五キロメートルのロケット弾にGPS誘導装置を組み込み、トラックの荷台に六連装ランチャーとして搭載したものだ。このシステム一式で一二トンであり、C‐130輸送機で楽々と空輸できるわけである。さっそく二〇〇五年からアフガニスタンの最前線に持ち出された。

パフォーマンスはすばらしいという。あまりにすばらしいので米軍は、もう誘導式ではない旧来の二二七ミリ・ロケット弾（それを十二発連射できる装軌車載システムをMLRSと称し、自衛隊も採用した)の調達は打ち切ってしまった。このままいけば一五五ミリ榴弾砲や二〇三ミリ榴弾砲、つまり陸軍砲兵の大砲というものも全廃されてしまうのではないかという風向きだ（慌てた利害関係者が、いま必死で牽引式野砲や自走砲の擁護宣伝に尽力中）。

誘導式二二七ミリ・ロケット弾の単価は十万ドル。弾頭は八九キログラムの重さがあり、その中に炸薬が六八キログラム（一五〇ポンド）充塡されている。従来の一五五ミリ野砲（炸薬六・六キログラム入り）だと、二〇キロメートル以上の射程で無誘導の榴弾を発射した場合、照準をつけた点から七五メートルくらいそれて着弾することは予期しなくてはならない。それだけに何発も叩き込まないと目標を破壊できないわけである。しかし誘導二二七ミリ噴進弾は、プリセットしたGPS座標に自律指向し、着弾誤差は射距離に関係なく一〇メートル未満。炸薬量を考えると、狙われた敵歩兵の機関銃座などは、ただ一発で消し飛ぶだろう。

一五五ミリの誘導砲弾は、重さ四五・五キログラムで、炸薬は九・一キログラムと、ふつうの榴弾より重い。一発二十万ドル。小さな直径で、発射時にかかる加速度も大だ。それだけ設計は難しく、開発期間が長引き、こんなに単価が高騰してしまった。

しかも、それを最新鋭の榴弾砲から発射しても、三七キロメートルしか届かない。アフガンのような土地では、破壊したい敵陣地の三七キロメートル以内にまで味方の野砲に来てもらうというのが、じつに面倒であり時間がかかることなのだ。それならさいしょから攻撃ヘリを無線で呼ぶとか、歩兵の持っている迫撃砲で片付けた方がてっとりばやい。

二〇〇四年以前はもっと悲惨だった。当時の米陸軍の一五五ミリ榴弾砲は射程が二三キロメートルしかなかった。これでは広いアフガンでは使い途はないというので、砲兵隊員は歩兵の補助として、ゲリラの出没を見張る歩哨のような仕事をさせられたものだ。その前のイラクでも、飛行機から投下する誘導爆弾で一切のカタがつき、野砲の出番はなかった。

対支戦争では、砲兵もC－130輸送機での急速展開が前提になるだろう。とすると、これは米軍の側にかぎられるが、二〇トン以上ある「自走砲」の出番もまずない。逆にシナ軍としては、米軍が投入し得ない重厚な自走砲を活用することが、対抗策となるのかもしれない。

シナ軍の専売特許であった迫撃砲でも米軍は圧倒する

前線の歩兵部隊は、射程数キロメートルの対戦車ミサイルも持っているし、迫撃砲も装備している。ちょっと説明すると、一般に、迫撃砲は、「砲兵」部隊には属さない。歩兵部隊が持って歩く、歩兵部隊固有の「重火器」なのだ。

そのうち、米陸軍が使っている射程七・五キロメートルの一二〇ミリ迫撃砲が、GPS誘導砲弾の完成で、アフガンで株を上げた。

ちなみに、モンスーン地帯の湿った空気の中では、六キロメートルも離れれば、戦車のような大きな目標でも、肉眼で識別するのは至難である。七・五キロメートルは、歩兵部隊の直接照準交戦距離としては最大限度だろう。

迫撃砲弾は、一五五ミリ榴弾砲のような野砲と比べると、発射時にかかる加速度が小さくて、落下速度も遅いので、対戦車用のレーザー誘導砲弾は一九八〇年代から登場していた。対戦車弾頭は「成形炸薬」という、爆薬の力で装甲に孔を穿《うが》つものだから、迫撃砲弾のゆっくりした落下速度で、なにも不都合はないのだ。ただし、いかんせん高額で複雑であった。

レーザー誘導は、移動目標に対して一メートルの誤差で命中させることができるのだが、レーザーで目標を照射する役割の兵隊は、かなり敵に近づく必要があり、その兵隊もいろいろと危険である。

こうした問題を解決したのも、GPS誘導方式だった。無誘導の迫撃砲弾は、大射程では照準点から一三六メートル外れることも予期せねばならない。しかしGPS誘導だと、誤差は一〇メートル以内になる。炸薬量は二・二キログラムである。

従来なら、一目標の制圧に、一二〇ミリ迫撃砲弾を八〜十発も撃ち込むことが必要であった。これだけの弾薬を輸送する面倒は、車両で移動するとしても、たいへんなものだ。しかし、GPS誘導砲弾なら、一〜二発でカタがつく。近くの村落に破片を飛ばして迷惑をかけることも少なくなるだろう。

それでも、最前線の米軍歩兵のお気に入りは、AH-64アパッチ・ヘリコプターなのだそうだ。アフガニスタンの山の中をパトロール中、敵の拠点に遭遇したとして、それから味方の一二〇ミリ迫撃砲小隊を無線で基地から呼び寄せるのも、アパッチ攻撃ヘリを飛行場から呼ぶのも、どちらも、かかる時間は一時間なのだという。だとしたら、ヘリコプターの方が、周辺偵察力も追撃機動力もあるし、そこから発射する対戦車ミサイルは、移動車両も確実に仕留めてくれるので、頼もしいのだ。

ところで、昭和十二年から十六年までの支那事変中、日本軍を最も苦しめたのが、ドイツ製をコピーしたシナ軍の八二ミリ迫撃砲だった。射程が一キロメートル以上あり、日本軍がこいつで奇襲的に乱打された後、発射点を特定してそこへ歩兵中隊を差し向けようとしても、シナ兵は悠々と迫撃砲を分解して数人で担ぎ、スタコラ逃げる余裕をかならず得られたからである。

正規軍の歩兵が、その二本足で一挙に躍進できる距離のほんのすこし遠間から撃ち込めるというところが、ゲリラの重火器としては重宝するポイントだった。迫撃砲や迫撃砲弾は、シナの町工場でも量産ができるから、戦後の中共軍もおおいに頼りにしていた。

しかしいま、アフガンやイラクで、ゲリラは八一〜八二ミリ迫撃砲を使わない。理由は、米軍による上空からの監視&反撃がキツいのと、正規軍がすっかり車両化されて、一挙躍進距離が数キロメートルに伸びたからである。いまでは「対迫レーダー」というのもある。同じ陣地から悠長に発射し続けていると、たちまち反撃の砲弾が発射点めがけて正確に雨中される。

一〇七ミリとか一二〇ミリとか、だいたい九〇ミリ以上のサイズの迫撃砲は、分解しても歩兵が担いで逃げることは重すぎて不可能である。車両で牽引または運搬するしかない。その車両がまた、空からは目立ってしまう。

中共軍がこうした不利を免れるためには、歩兵数人で運搬して使い捨てることのできる、直径一一〇ミリから一四〇ミリの簡易ロケット弾と、ＧＰＳ誘導機構を組み合わせる必要が、あるのかもしれない。

弾薬兵站の所要量が、かつての戦争とくらべてわずか二割とか一割に減ってしまうとすれば、それは「ＧＰＳ誘導革命」と呼ぶべきだ。

しかし、支那事変で日本は大陸に百万人を送り込んだのに、「点と線」しか確保できず、蔣介石政権と交渉することも打倒することもできなかった。

いまの米軍ならば、戦争をしながら中共政権と交渉することはできるだろう。必要なら、周辺諸国を蜂起させることで全国境からシナを攻め立て、叛乱も帮助して、北京政権を打倒してしまうこともできるだろう。けれども、シナ全土の占領統治は、とてもできないはずである。

6　核が使用されるシナリオ

化学兵器と生物兵器が使用される情況

米政府の見積もりでは、シナ軍は長短とりまぜて総計百三十発から百九十五発の核弾頭ミサイルを発射できる。そのほか非核弾頭の弾道弾および巡航ミサイルは二千発近くあって、そのうち千発は、対米開戦の初日に、太平洋の米軍基地に対して発射されるだろうという。ある特種な武器の使用が、ある国にとって「安全・安価・有利」だと判断されるならば、その武器は、けっきょく使用されるだろう。

米支双方にとり、化学兵器や生物兵器や核兵器すら、オプションの例外ではない。

シナ軍は兵隊の人数がずいぶんと多いのにくらべて、個人用のNBC（核・生物・化学兵器）防護装具が、質的にも量的にも十分に整備されているとはいえない。したがって、たとえば〈上陸してきた米軍に対して神経ガスを撒く〉といった戦法は、これを採用しづらい。

米軍は、敵軍が戦場で高度に致死的な化学兵器を使ってきた場合には、同等以上の威力がある神経ガスや糜爛《びらん》ガス（いわゆる「マスタード・ガス／イペリット・ガス」。第一次大戦中から知られているものだが、特定の土地を汚染して敵軍の行動を長期間、不自由にする効果がまさっており、こんにちでも用意している軍隊があると考えられる）で報復する気満々なのだ。

冷戦時代、米陸軍は、「オネスト・ジョン」という無誘導の大型の地対地ロケット弾を欧州や絶東に展開していた（射程三〇マイル）。その弾頭は、当初は小型の核弾頭だけだったが、すぐに神経ガスの「サリン」を「子爆弾」に充填して集束した化学弾頭も開発され、一九六〇年代には、海外の基地の弾薬庫で保管されていたという。

一九八〇年代には、一五五ミリ榴弾砲から発射できる砲弾に、神経ガスの「VX」の原液を詰めたものも、対ソ戦に備えて大量にストックされていた。

ソ連が崩壊したあと、米露の化学兵器はそれぞれ五〇〇〇トンだけを残して廃棄処分されたけれども、また必要とあらばいつでも臨機に急速量産のできるような工場も、米軍は確保していると考えられる。

もし、米支間で、本格的な毒ガス戦が始まったなら、すぐに参ってしまうのは、装具不十分なシナ軍の側である。そう自認するがゆえに、シナ軍が先に米軍に対して毒ガスを使うことはまずないだろうと想定できる。そのエスカレーションはかれらにとり、「危険で高価で不利」な選択なのだ。

いっぽうの米軍の側にも、毒ガスの先制使用のメリットは少ない。毒ガスの先制使用は一九二五年のジュネーヴ議定書に違反する。それは米国のイメージを毀損し、米国本土を狙うテロリストに毒ガス使用の口実を与えるようなものだろう。

しかしたとえば、非常に長大で錯綜した地下トンネル網のどこかに敵の移動式の核ミサイルが隠れていて、ボヤボヤしていればそれが秘密の地上出口から顔を出し、米本土に向けて発射されるおそれが大——とでもなれば、空気よりも重い、したがって地下空間に潜む敵兵を制圧したり身動きできなくするのに向いた化学剤（それは高度に致死性のものとはかぎらない）を、米軍は先に使用することもあろう。ニューヨーク市が水爆で吹っ飛ばされるリスクとくらべれば、その毒ガスの先制使用は、米国政府にとって、より「安全・安価・有利」だと見積もられるのである。

生物兵器は、戦場で敵兵の戦闘力を即座に奪う力がないのに、その危険はしぶとく持続・潜伏し、しかもどこへ伝染・拡散するかわからず、ブーメランのように自国の銃後にまで多大の害を及ぼしかねない。撒布したあとで変異株が生まれ、ワクチンや特効薬がちっとも効かないことだってあり得る。米軍がこれを先制使用するメリットは、ほぼないことはもちろん、「同害報復」としても、生物兵器をシナ本土に対して米国が使えるとは、まず考えがたい。

罰を受けないとわかれば、なんでもやるのがシナ人だろう。ここにはまさにシナ側が乗ずべき機があると思われる。シナ軍は、米国内を攪乱するために、工作員に生物兵器を撒布させるであろう。それは実効に乏しくてもかまわない。

「上水道が汚染された」といった、パニック映画などで「お約束」なルーモア（噂）が、たちどころに全米に広まり、米国銃後をパニックに陥れてくれる。

二〇一一年に米国を旅行したシナ人は百万人以上。その誰が工作員か、わからない。ほんらい絶東遠征軍に与えられるべき戦争資源が、米国本土の公安活動のためにその多くを割かれることとなれば、シナ軍は得をする。

とうぜんながら北京は、「われわれは誰に対しても生物兵器攻撃などしておらず、すべてアメリカの自作自演の捏造《ねつぞう》宣伝である」という放送を繰り返すであろう。そのように主張されれば、米国大統領として、化学兵器や小型核兵器によるシナ軍への報復措置も、命じがたくなる。

しかし爾後の抑止力のことを考えれば、何の報復もしないわけにもいかないので、コラテラルダメージを抑制できる形態での、たとえば出力を最小限に調節した水爆の地中爆発モードによる、化学工場に対する爆撃などが実行されるかもしれない。

米国の側から、返礼として「仕返しの宣伝工作」をすることも、大いにあり得る。じつは米軍には世界一、「謀略放送」のできる航空機や艦船や諸設備が充実しているのだ。湾岸戦争からその使用も可能だったのだが、いろいろな悪評判を顧慮して、これまでは実働が控えられてきた。が、対支の本格戦争となり、先に生物兵器工作などを仕掛けられたとなれば、米国側にも反撃の宣伝謀略を自粛すべき理由はなくなる。

アジア向けの衛星放送や、シナ本土の地上波テレビの電波が一時的にジャックされ、たとえばこんな謀略ニュースが流されるかもしれない。

——シナ人の茶の間でよく知られているアナウンサー（CG合成）がいつものように出てきて、「チャーシューと豚の角煮だけを汚染する新種の真菌（カビ）が〇〇省と△△省で発見されて、感染被害が広がっており、わが軍は市民に警戒を呼びかけています」とニュースを読み上げる。画面は、某病院の大病棟で麻痺と痴呆の症状を呈して横臥し、医師の診察を受けている金持ちそうな男の動画。その隣のベッドの若い急患の顔にはすでに白布が……。

さらにアナウンス。

「各地でチャーシューや豚の角煮を食べた市民が、下半身の不随や脳性麻痺など、狂牛病に類似した謎の症状で入院しています。このカビの胞子は風に乗って飛散し、豚肉の中で何年も生き続け、加熱しても死にません。しかし、自動車用ガソリンの生火でよく焼き直せば、殺菌できるということがわかりました（チャーシューを顕微鏡で調べている全身防護服の科学者の動画のインポーズ。つづいて、防護マスクと白い防護衣に完全に身を包んだシナ軍将兵が、自動小銃や火炎放射器を肩に、あちこちから黒煙が上がっている食品加工工場の中に行進して行く合成動画に）。

南京生物戦争合作病院の関係者によると、これは米軍の巡航ミサイルが撒布した特殊な動物細胞汚染兵器である可能性もあるため、現在、防疫部隊も出動しています。続報があり次第、臨時ニュースでお知らせします。皆さん、米軍の謀略にはくれぐれもお気をつけください！　こちらは……」（遠くで誰かの名を呼ぶ叫び声と、爆弾が落ちる音に続き暗転）

――。

よくできた謀略放送は、何度も反復する必要はない。一回放映されれば、誰かがその録画をインターネットやスマホで拡散するから、アングラで噂がどんどん伝わり、それを当局は打ち消すので、かえって話が本当らしく聞こえたりするのである。

まあ、科学的な常識というものをもってさえいたら、チャーシューや豚の角煮だけを汚染する生物毒などあるわけないし、南京生物戦争合作病院など実在しないことも調べられるはずだが、大衆は、半分嘘で半分本当らしく聞こえるわかりやすいデタラメには、コロリとひっかかってしまうものだ。日頃、当局が情報統制をやっている国では、なおさら嘘こそが本当らしく聞こえる。

あの福島第一原発事故の直後に、シナ住民はあらそって商店から塩を買い漁った。沃素《ようそ》の放射性同位体の吸収をブロックするために、沃素を含む塩を先に摂取すればよかろうとの民間療法的な理屈らしかった。あの場合も、鍵となるアイテムが、身近でわかりやすすぎる「塩」だったという点が、やはり大衆を動かす「ツボ」にはまったのであろう。

ガソリンで豚肉を焼けば豚肉はガソリン臭くなり、さぞかし不味くなるであろう。それで気分が悪くなる者が出るだろうが、死には至らない。シナ軍隊は市民からガソリン自動車を徴発しても、燃料が奪われているので動かすことができない。米国と米軍にとって、このような謀略ならば、「安全・安価・有利」である。

開戦劈頭の核使用はない

核兵器は、国家最高指導者の電話による指示ひとつ、あるいはボタンの一押しで、簡単確実に欲する場所へすぐに飛翔して確かに炸裂してくれるような、そんな蕎麦屋の出前のような気安い、便利な武器ではない。

すべての段階で、事前の念入りな打ち合わせ準備や、万一の場合の検討が欠かせず、錯誤や故障（不発射や墜落や不発および不完爆、迷走、失中あるいは異常高度爆発等）、命令不達や抗命等があり得て、しかも、いちど命令してしまったことの結果は、成功／失敗のどちらの場合でも重大だから、その対策まであらかじめ肚を決めておかねばならない。

最も用意周到なはずの米空軍のＩＣＢＭサイロですら、平時の抜き打ち訓練で、地下の一部の発射指揮所に肝腎の命令が届かないということが、ときにあるくらいだ。

ある国が、過去に、何度も訓練や試射をやってこなかったスタイルの核攻撃は、それをいきなり国家最高指導者から「やれ」といわれても、軍として、注文に応じるのは無理だろう。街の蕎麦屋にしたって、いままで一度も届けたことのない隣町の客から、変わった趣向の蕎麦を特注されても、おいそれと応じられるものではない。

たとえば中共軍が、開戦劈頭に、超高空で水爆を炸裂させ、強い「ＥＭＰ」（電磁気パルス）を発生させて、宇宙から海上までの広範囲の米軍のＩＳＲを盲目化させる――という奇襲。理論的にはそれを考え得るとしても、いままで中共軍はそのスタイルの演習や実験を一度もしていないのであるから、まず、実行は不可能であろう。

一九六二年七月九日、米軍はハワイの南西沖九〇〇マイル、高度二五〇マイルの宇宙空間で、ミサイルを使って一・四メガトンの水爆を炸裂させた。これは、敵のＩＣＢＭを宇宙空間で迎撃できるかどうかを調べるための研究の一環であったが、その直後にまったく予期せぬサージ電流がオアフ島の地上の送電網に生じ、島の信号機が一斉に故障してしまった（送電網の破壊や停電は、起きなかった）。

これが、水爆の空中爆発の副次効果としての「EMP」の発見となった。

米軍やいくつかの先進国軍は、その対策を研究した。兵器システムに用いられる電子機器の「集積度」は逐年、増していく傾向にある。放射線やEMPから電子回路を守る手立てを講じなければならないと信じられた。

ことに深刻なのは航空機だ。これが、海水と厚い鋼鉄に囲まれた潜水艦の内部であったなら、さすがにEMPの害は及びにくかろう。だが飛行機はそれと正反対なのだ。機材はEMPが透過しやすい軽合金の薄皮で包まれているのみ。飛行制御はコンピュータに決定的に依存している。もしも電子回路が一時的にでも麻痺すれば、最先端の戦闘機も爆撃機も、即、墜落をしなければならないのだ。

それゆえ、こんにちでは、軍用機用の電子チップは、ガリウム砒素など放射線に特に強い素材で特製（もともと宇宙船用にそれは研究されていた）され、姿勢制御信号の媒介も、電線ではなく光ファイバーでさせるなど、EMP防護技術は相当に進歩している。通信システム等もまた然りだ。

中共の兵器メーカーや軍の技術セクションが、EMP対策の研究を熱心にしているという、具体的で、専門家をしてさもありなんと思わしめるニュースは、聞いたことがない。その一方で〈わが軍はＥＭＰだけを強烈に発生する小型弾頭を米軍に対して使用できる〉とかいった、公開実験を伴わぬ口先宣伝だけが聞こえてくる。

たまたま真面目《しんめんもく》の核攻撃をしたら、はからずもＥＭＰが予想外に発生した――という事態はあり得ようが、純然ＥＭＰ効果だけを狙った特殊限定的な核攻撃がシナ軍から仕掛けられることは、ないであろう。

横須賀か東京が核攻撃を受けるシナリオ

毛沢東は一九五〇年に始めた対米戦争（朝鮮戦争）を、途中でやめたいとは思っていなかった。しかし、やめざるを得ない事情が生じる。ひとつはスターリンの死（一九五三年三月）。もうひとつは、米本土で、急ピッチで開発と量産がすすんだ「戦術核兵器」だった。

朝鮮戦争の勃発時、米国には、長崎型の親戚の、重さが何トンもある投下原爆しかなかった。これはストック数にかぎりがあった。いろいろなメンテナンスのためだけでも厖大な「マン×アワー」が必要であり、急速量産の利くものでもなく、それを投弾できるのは、「Ｂ－29」など、かぎられた機種の戦略重爆撃機だけ。米国トルーマン政権としては、西ドイツを最前線とする西欧での対ソ防衛をつねに最優先としたいので、専用の核爆撃機を絶東へ集めることも、またなけなしの原爆を絶東で消費してしまうことも、どちらも控えるしかなかった。

しかし国連軍のマッカーサー総司令官はじめ、現場の米軍人たちは、中共軍の人海戦術を押し返すには原爆を使用すべきだと、本国に向かってリクエストしたのは無理もない話だった。米国指導者層は、中共軍が十月に越境してくる前の、朝鮮戦争勃発の直後から、何が米国の国策のネックなのかを判断した。一九五〇年六月のうちに、ウラン235を「爆縮式」に点火する小型軽量の「マーク7」原爆（直径八〇センチ、七六四キログラム）や、さらに超小型の「二八〇ミリ核砲弾」の特急開発が決定されている。

これらが完成すれば、二〇キロトン以上の破壊力を、米空軍や米海軍の単座戦闘機（海軍の場合は「A－1スカイレーダー」という単発プロペラの艦上攻撃機）で敵部隊の頭上に配達できることになる。米陸軍も、一五キロトン（ほぼ広島級の威力）の殺傷力を、第二次大戦中からある二八〇ミリ重砲（その最大射程は二八・五キロメートル）から、目の前のシナ軍に向けて随意に撃ち込めるようになる。

弾頭は量産ができるようにもするから、絶東で何発も使っても欧州防衛体制を弱体化させることもない。半島に押し出してきたシナ軍部隊には、もはや鴨緑江《おうりよっこう》以北へ引き取るほかに、生き残る道がなくなるはずだった。

直径二八〇ミリにおさまるほどの原爆なら、それより寸法に余裕がある戦術ミサイル、たとえば浮上潜水艦から発射する対地攻撃用巡航ミサイルや、二八〇ミリ重砲よりも機動的に運用できる陸軍の地対地ロケット弾（トラック車載）にも、仕込むことは容易だろう。前者は「レギュラス」として一九五一年三月に初飛行した（量産品は休戦に間に合わなかった）。後者は「オネスト・ジョン」として一九五一年六月に試製され、五三年一月には量産品が納品された（半島に持ち込まれたのは休戦後）。

先に完成したのは「マーク7」投下原爆である。

一九五一年九月から十一月にかけて、連続七回の核実験がネバダ沙漠で挙行され、最大三一キロトンの出力を発生させて、爆弾の核心部分は完成した。

あとは投下爆弾とするための細部のデザインで、これが終わって量産品が航空部隊の手に渡されたのが一九五二年であった。さっそく同年の七月、米空軍の単発ジェット機として初めて核爆撃も可能になった「F－84G」戦闘機の一隊が、空中給油を受けながら太平洋をノンストップで横断して青森県の三沢基地まで前進し展開した。

中共指導部は、こうした戦術核兵器がいつ、絶東で中共軍に対して使用されるのか、気になっただろう。

一九四五年の沖縄戦では、四月一日に上陸した米軍の前進スピードが、途中で急に鈍っている。それは、本国で秘密裡に開発されていた原爆がいよいよ完成見込みとなったので、もはや地上戦でこれ以上の出血をさせる必要はなかろうとホワイトハウスが気を回し、参謀総長のマーシャル元帥が（原爆のことは少しも知らせず）現地軍を指導したのだ。

同じような戦線の不思議な停滞が、共和党支持のアイゼンハワーが大統領に就任した一九五三年には見られた。国府と中共の双方に人物を知られているマーシャル元帥は、一九五〇年九月にトルーマン政権の国防長官に据えられたものの、五一年九月には辞職しており、これも考えようによっては不気味なことだった（国共調停失敗後のマーシャルの晩年は、軍人というより「平和に尽くす公人」というイメージだった）。

一九五三年五月二十五日、米国内の沙漠で、「アトミック・キャノン（原子砲）」と名づけられた二八〇ミリ重砲から、核砲弾が発射され、これも成功した。すでに米国に停戦を呼びかけていた毛沢東ら中共指導部を、交渉の場で強気にさせることがないよう、世界じゅうのプレスに実験の写真が配られた。

スターリン後のソ連が朝鮮戦争の継続に消極的になったのも、核バランスの天秤が大きく米国側に傾いたせいだと、中共は考えるしかなかった。米国は、絶東での核戦争と、欧州での侵略抑止を、両立し得るようになったのだ（のちには在独の英軍の重爆撃機にも、米国製の「マーク7」が提供される）。

この敗退がトラウマとなって、毛沢東が「マーク7」類似の「ウラン爆縮式」原爆による核武装を強く決意したのは、自然ななりゆきではなかろうか。

ただし、その毛沢東の後継者たちは、比較的に少数の核兵器の使い途として、全面核戦争を考えるのではなくて、「象徴的最小抑止力」にするがよいと、ニクソン政権から教育されたのだろう。

フランスの戦略核は、いつでもモスクワに対して発射できる、いわば脅しがちゃんと効いている「最小核抑止力」であろう。それとくらべて、中共の戦略核は、いざというとき素早く米国東部の大都市に向けて発射ができるかどうかもじつはかなりあやしい、最初から「象徴的」な位置づけの「最小核抑止力」であった期間が長い。そしていまなお、その位置づけを脱し得てはいない。そこには大きな戦略的陥穽《かんせい》があるといわねばならない。

通常戦争であっても、中共がいったん米国を相手に戦争を始めてしまった場合、米国はシナの核兵器を侮り、懼《おそ》れないであろう。

特に一九八〇年代後半以降は、もしも中共側に発射の兆候があれば、米国はいつでも近海からのSLBMによって、奇襲的にシナ軍ICBMのサイロ機能を麻痺させられるという自信があるだろう。SLBMの水爆弾頭に数十分遅れて、ダメ押しのICBM弾頭がサイロに対して正確に落下し、さらに念を入れてB－2爆撃機による最も確実な水爆の投下が続く。サイロと地下司令所はすっかり破壊されよう。

その自信のうえに米国は、シナの周辺国家がシナの国境で自由行動をとるように促せる。周辺国でシナをこころよく思っている軍隊はひとつもない。中共は、やがて対米戦争どころではなくなってしまうだろう。

四面楚歌となって中共王朝もこれまでかと覚悟されれば、半ばヤケクソの先制核攻撃が、弱そうな、「即時報復」能力を整備していない周辺国に対して、企図されるかもしれない。有利な休戦交渉を米国と開始するためには、デモンストレーションとなるインパクトのある「一撃」が必要だ。

日本には、「潜在的な核武装の技術力さえあれば、じっさいに核爆弾を持っていなくても、核抑止力になる」と真顔で語れる、悟性において遺憾なレベルの〝知識人〟が多いから、好餌《こうじ》と映るであろう。さなきだに、米支のあいだでは、過去に一回、〈日本の核の傘は剝ぎ取る〉という密約がなされているのだ。

「警告の意味で、米軍の軍港である横須賀の上空四〇〇〇メートルでの爆発を狙ったが、ロケットの調子が悪く、少し手前の東京の上空で炸裂してしまった。日本政府は敵だが、われわれは日本人民を憎んではいない」といったしらじらしい宣伝が、「水爆で東京全滅」のニュースのあとで、ただちに打たれるであろう。

水爆の火球が地表面に接しないように、三〇〇〇メートル以上の十分な高空で弾頭を起爆させると、地表のたいていの可燃物には瞬時に火が着き、鉄筋コンクリート製でない建造物は爆風で圧壊し、ビルの窓ガラスは粉々に飛び散り、焼け残ったコンクリートや鋼鉄の構造物は二次放射能を帯びるようになるが、地表にクレーターは生じない。

したがって、東京はゴーストタウンと化すけれども、タクラマカン沙漠の核実験場のように、土地そのものまでが二次放射能によって半永久的に人が住むのに適しないものに変えられてしまうという惨禍は避けられる。「最低限、人道的な攻撃だ」と、シナ人は胸を張れるのである。

そこで気にかかるのが、東京に所在するはずの米国籍市民のことであろう。二〇一一年刊のケビン・メア氏著『決断できない日本』によれば、東京都内には、平時に九万人もの米国籍人がいるのだそうだ。メア氏は元大使館員だったのだから、この数字は信用できよう。つまりシナ軍が東京を水爆攻撃すれば、米国人九万人が死傷してしまう（救急体制が整っていない環境では、統計的に、戦傷者五人に対して戦死者一名が生ずる。「9・11」テロの二倍を超える死者数になるのは間違いないだろう）。

それに怒って米国政府が北京を核攻撃するということはまずないが、何の手も打たないことは米国大統領の立場を苦しくするだろう。ありそうな「懲罰」は、中共の原潜母港に対する、水中炸裂モードでの核攻撃だろう。

水中を伝わる衝撃波で、沈底して隠れている潜水艦も圧壊する。これは米本土が万一にも核攻撃される可能性を減らしてくれるので、大統領として決心を正当化しやすい。天高く吹き上げられた海水は二次放射能を帯びており、その飛沫が落下した岸壁や工廠には、当分、労働者が立ち入ることはできなくなるであろう。米国政府は「一般住民に対する核攻撃はしなかった」と宣伝できる。

北京政府は、この「一発ずつの核の交換」で、中共の面子《メンツ》も立ち、米国と手打ちができれば、上々の結末だと考えるかもしれない。時期が冬ならば、東京から立ち上る放射性の灰も、季節風で太平洋へ流れていってくれる。

核攻撃への日本独自の報復

「わが国がシナからひどい目に遭わされたら、米国様が仇を討ってくれる」と勘違いをしている人士は、古い言葉で「妾根性《めかけ》」「女中根性」と評されるべきだろう（この「女中」とは「御殿女中」のことで、江戸ではハイソサエティに属したOLである）。

もし選挙で選ばれた日本政府が、平時から、航空機投下式水爆「B61」の弾薬庫を日本領土内に建設し、米軍による核の持ち込みを積極歓迎するとともに、航空自衛隊のF－2戦闘機による「B61」の投下演習を、米軍の指導の下に恒常的に積んでいるのならば、中共が血迷って日本本土を核攻撃することもないだろう。

じつは米国は、NATOに属するけれども自前の原水爆はもっていない、オランダ、ベルギー、イタリア、ドイツ、トルコの各国と、いずれも二国間での協定を結んでいる。そして有事には米国大統領が、相手国の「F－16」戦闘機や「トーネイド」戦闘機のために、「B61」水爆を提供できることになっているのだ（核武装国であるイギリスの「トーネイド」機に対してもこの「B61」爆弾は提供可能）。

もっと具体的に言えば、これらの国々のパイロットたちは、ロシアからの核攻撃をもしも受けた場合には、すぐさま米国の水爆をもらい受けてその報復の核空襲を実施できる。そのように、定期的に米空軍から稽古をつけてもらっているのである。

それはなにしろ核攻撃後の報復という想定であるから、弾頭を遠い米本土から運んでくるのでは間延びがして「核抑止」の効果が出ない。だから、ちゃんとホスト国の軍用飛行基地の近くに、米兵が常時警固する地下弾薬庫を維持するわけだ。米国による「核の傘」というものがもし考えられるとしたら、そのスタイルは、これしかないはずである。「B61」を渡されたオランダ軍やベルギー軍のパイロットが、それをモスクワに投弾して同胞の仇を討つことを躊躇《ためら》うだろうとはロシア人は想像し得ない。したがってNATOの非核国だけを狙った核攻撃というものはまったく抑止されるのである。

在欧の「B61」の貯蔵数は総計で二百発とも三百五十発ともいわれる。米軍全体では四百八十発ほど準備しているようで、さすれば残る百発以上は米本土に置かれているわけだ。

航空自衛隊のF－2戦闘機は、爆弾吊下《ちょうか》装置など細かいところは「F－16」をそっくり踏襲しているはずである。過去に明言されたことはないけれども、小改造によって「B61」も投下できるようになるであろう。航空自衛隊の主力機である「F－15」戦闘機も、爆撃を得意とする設計ではないが、いちおう、「B61」を投下可能である。また、空自が次期戦闘機に予定するF－35も、「B61」を運用できる。

つまり日本は、オランダやトルコの真似をするだけで、すみやかに、対支の核抑止力を手にできるはずである。その場合、韓国も、日米が結んだのと同じ協定を欲するであろう。トルコがNATO内でギリシャといがみあっているのは昔から有名だけれども、かつて米国は、ギリシャにもちゃんと「B61」を置いていた。それで問題なかったのだ。ただ、ギリシャ政府がどういう了見か二〇〇一年に、「B61」を搭載できぬ戦闘機を採用してしまったために、米軍はしかたなく「B61」爆弾をギリシャから撤去して、いまに至っている。

このような二国間協定を日米が結べないのは、もちろん一義的には有権者に「妥根性」があるためであるが、日本政府（なかんずく外務省）が「国内に核弾薬庫建設」というイシューの面倒臭さを想像しておぞけをふるい、なんとか「地上の核弾薬庫」抜きで「核の傘」の体裁（幻想）を維持したいと念願する怠惰な計算も働いているのだろうとしか思えない。

日本人が、「B61」爆弾による便利かつ確実な「核抑止」の方法があることをあまり認知していないのも、日本政府がそれを国民に知ってほしくない、話題にしてほしくないという、不作為の作為があるせいだろう。

外務省が日本国民に隠している常識がある。それは、日本の港に碇泊中であっても米軍艦内は「米国領土」であり、しかも国際情勢が緊張すれば、核を抱えた米軍艦はすぐに横須賀や佐世保を出港して所在をくらましてしまう。米艦の出払っている日本本土が核攻撃されたあとで日本政府が米艦長に「報復の核攻撃をしてくれ」と頼むことはできない。よって米空母や米潜水艦はとうてい「日本の核の傘」にはならないという、あたりまえすぎる事実だ。

米海軍は、「核弾頭付きトマホーク巡航ミサイル」をブッシュ（父）政権時代にぜんぶ陸《おか》に揚げてしまった。オバマ政権が二〇一〇年にその倉庫保管されている核弾頭の廃棄を命じ、これにより、日本に寄港する米軍艦には、正規空母の弾火薬庫内の「B61」を除いて、水上艦であれ潜水艦（魚雷戦型の中型原潜、および、地上攻撃用のトマホークを百五十発以上搭載した大型原潜）であれ、核弾頭は一発も積まれていないと断言できることになった。

米海軍は、「いま寄港している軍艦に核弾頭を積んでいますか?」と質問されても、答えない方針を堅持している。これは日本外務省にとっては、いろいろとラクで、ありがたかった。

自由主義哲学も演説力もない元統制官僚の総理大臣佐藤栄作が、選挙対策だけの理由で「非核三原則」をブチ上げ、「核抜き」の沖縄復帰を公約して以後は、半ば〈国是〉として、官僚たちは、日本列島の陸上に置かれるいかなる核兵器も、抑止力の形態としては考えることを禁止された格好となり、その習いが、いつしか性となっているのかもしれぬ。

そんな外務省をよろこばせたのが、一九八〇年代のレーガン大統領による、潜水艦や水上艦に「核トマホーク」を搭載するという決定だったのだろう。米海軍の巡洋艦や潜水艦（ただし魚雷戦型）で、横須賀や佐世保を母港とするものや、あるいは横須賀や佐世保等に寄港した艦については、かつて「レギュラス」核巡航ミサイル搭載型の米潜水艦（一九五五年から六四年まで、日本の軍港を拠点に近海をパトロールしていた）に関して野党が政府を追及したさいに国会答弁を乗り切っている前歴があるため、不安を感じなかった。「核兵器は搭載されていないと思う。なぜなら米国政府から、われわれに通知がないから」と自信たっぷりにシラを切ることが、日本の言語空間では可能なのだ。

しかしこの「陸上弾薬庫なき核の傘」という、二重の嘘でもあるところの幻想芝居を、米ソ冷戦の終了後も中共向けに続けてほしいと外務省が米国要路に向けて運動したのは、いくらなんでも虫がよすぎやしなかったか。

巡航ミサイルの核弾頭からは、常時、放射線が出ている。これが航空機搭載の兵装だったなら、地上整備員も、パイロットも、核弾頭の近くに長時間密着するわけではないので、わずかな被曝線量は気にしなくていい。が、狭い潜水艦の水雷室の場合、そこを「居室」としている水兵たちがいるのだ。彼らは文字どおりに、核弾頭の真上で寝起きする。原潜の場合、そんなパトロールが数カ月間も続くのである。この水兵たちの被曝リスクは深刻に考えねばならず、ほんらい日本人の口からずうずうしく要望できるような話ではないのだ。

水上艦に搭載する巡航ミサイルならば、水兵たちは弾火薬庫からは離隔しているので安全だ。が、こんどはソ連崩壊後の米政府の最大テーマである、〈安定的核軍縮〉の、大きな妨げになってしまう。米国が軍艦に戦術核を搭載しているかぎりは、他国がそのマネをすることも咎められない。小型の戦術核弾頭は、いつどこの港で反米テロリストの手に渡ってしまうかもしれない。軍艦ごと乗っ取られるとか、軍港付帯の整備工場が襲撃されるとか、あるいは軍艦が事故で沈没して、ドサクサまぎれに核弾頭が行方不明になることだってあるだろう。その小型原爆がまわりまわって、ある日のマンハッタン島で炸裂するという危険を、米国大統領としては、日本人の安全保障よりも重く顧慮しなくてはならない。

「核トマホーク」を全廃した米国が、それでも数百発の「B61」水爆を将来までストックし続ける方針を策定していることは、日本人にとっては、朗報のはずなのである。「妾根性」の有権者と、〈楽な仕事〉が好きな外務官僚を除いては……。

日本がもし、中共の水爆で攻撃された暁には、現在すでに自衛隊が保有している国産の艦対艦ミサイルや空対艦ミサイルによって、シナ大陸で稼働中の原子力発電所の「建屋／燃料取扱棟」を直撃してやり、その使用済み燃料貯蔵プールを損壊することで、広範囲の「沃素131」パニックを惹起《じやつき》せしめ、万分の一なりとも「復仇《ふつきゆう》」が実行できることについては、既著『日本人が知らない軍事学の常識』で概説してあるので、ぜひ参照をされたい。

Ⅳ 米支戦争に日本はどうつきあうのが合理的か

日本の改革（病巣廓清）など到底不能なので、ひきこもりが「吉」

敗戦翌年の昭和二十一年に、幣原喜重郎《しではらきじゅうろう》がマッカーサーから偽憲法を押しつけられんとしたときに、首相幣原も、かれの古巣たる外務省の現役幹部たちも、それがいかにとんでもない「対米独立放棄条約」なのかは重々承知していた。

およそ自然権（自衛権）のない個人は自由な独立人ではあり得ぬ。自然権（自衛権）がない国家も、そもそも独立国ではない。これは近代西欧法精神の、いたって初歩的な話だからだ。「マック偽憲法」は、明瞭に、日本国が自衛権を放棄すると謳《うた》わせていた。外国軍に占領されていた国家の政府が、その国民の安全をすべて外国人（具体的には米国政府）に委ねたい、と誓わされた。

おのれの政府に〈国としての自然権を放棄せよ〉と、日本の人民は誰も迫って契約した覚えはないのである。

政府が自国の自衛権を放棄すると外国に対して誓約するような〈憲法〉はさいしょから近代法たり得ず、「違憲」である。それが、自然の筋であり、一時は古代ローマ法研究のメッカとなり、日本人よりも近代法精神というものを長く考究してきたドイツ人は、連合軍による投獄や死刑をもっていくら脅かされようとも、そのような誘導や圧力は拒否した。マッカーサーが一九五一年に米国連邦議会で、〈ドイツ人は大人だった。日本人は十二歳〉と証言したのはそこを指す。

だが、幣原以下、昭和二十一年の天皇の官僚らは、それら一切合切を承知でマック偽憲法を丸呑みすることにした。外務官僚には、わくわくするような打算があったのだ。

すなわち、これからはアメリカ合衆国政府様が日本の「一なる神」となるであろうから、「一なる神」が英語で下される〈十戒〉の解釈権と国内強制権をわれら日本外務省が一手に握ってしまうことにすれば、外務省こそが再興日本民族の「モーゼ」（神の声の伝達者）となり、旧陸軍になり代わって日本の最高権威官庁におさまり、この「偽憲法」が奉戴《ほうたい》され続けるかぎり、朝野に長く君臨できるであろう、と思ったのである。

戦前、外務省の省益をさんざん侵してくれた旧陸海軍省は、いまや自滅して亡びてくれた。が、大蔵省および内務省という、いずれもバンカラの旧制高校から東大法科へ進んで高等文官試験をパスし、頭脳でも体力でも「勝ち組」のエリート文官たちは健在だった。外務官僚は戦前から、かれらの前ではひ弱に見え、そのハンデを意識して跳ね返さねばと念じたあまり、広田《ひろ》《た》弘毅《こうき》、松岡洋右《まつおかようすけ》、白鳥敏夫《しらとりとしお》、東郷茂徳《とうごうしげのり》といった、軍人をしのぐ虚勢や押しの強さ、頑固冷厳な「法匪《ほうひ》」の風情等をまぜこぜに湛《たた》えたキャラクターを御輿《みこし》に担いできた。

しかし戦後は、もうそんな疲れるエクセントリック・キャラ路線を踏襲する必要もなくなったのだ。マック偽憲法の導師となりおおせてしまえば、大阪出身の軟弱老人・幣原やその後継者（吉田茂も外交官）の口から語られる〈アポロ神殿のお告げ〉の前に、他省庁の誰も文句をつけることはできず、ひたすら黙従のほか、なくなるだろう。

戦後日本の自由は、このようにして、生まれたときから外務省官吏によって裏切られていた。マック偽憲法の有難味が薄れてしまう前に、かれらはさまざまな外交「密約」を取り結んだ。その密約の解釈権は外務官僚にしかなく、内閣法制局すら口は出せない。

「米国と、核武装を避けるという密約があるんだから、予算をつけてくれ」と迫れば、そんな密約がほんとうはなかったとしても、大蔵省（財務省）も、ＭＤ（ミサイル防衛）の新費目を容認せざるを得ない。「中共との密約があるので尖閣諸島には自衛隊は常駐できませんよ」と言い張れば、自衛隊の最高指揮官である内閣総理大臣も何もできない。戦後のわが国では、選挙で選ばれていない外務官僚による「統帥権干犯《とうすいけんかんぱん》」が日常的に行なわれ得るわけだ。

防衛省も、同じ米軍基地の世話を焼く同士として、この外務省と結託すれば省益にかなうようだと学習したことだろう。二〇一二年に元自衛官の森本敏氏が防衛大臣に就任した。外務省から見たら森本氏は「外務官僚」も同然のはず。外務省の過去の密約には背馳《はいち》しないと信じられれば、外務省はおおいに安心だろう。

さいきん権力が低下したと危機感を抱く財務省は、「財政の健全化」をしきりに唱えて、捲き返しに出ている。国債が売れ残る徴候などどこにもないのに「破綻が迫っている」と騒ぎ立て、日本の景気（と同時に法人税歳入）をますます悪くすること必至の消費税増徴に政治家とマスコミのほとんどを同意させた。外務官僚たちの安楽な栄華、警察官僚の旺盛な使命感とひきくらべて、わが身の老後に何か不安を感じたがゆえかもしれぬ。日本経済が縮小すると、じつは、財務省の権限は強化される。どの省に対しても「ない袖は振れない」と拒否し得る。今は高橋是清のように殺される心配もない。

このように、一流ならざる官僚が日本の外交防衛を進めたり止めたり玩弄《がんろう》していられるのも、政治家がその二流官僚以下のレベルの思いつきで国家を幾度も危機にさらすのも、マック偽憲法の縛りを解くだけの言語力が日本の有権者にないためだ。

日本の有権者がおおいに勉強をして、マック偽憲法の言語空間を破却しないうちは、日本には「米国の消極的な手下になる」以外の合理的な国防国策があり得ない。これは吉田茂が発見した現実であった。

米支戦争が始まった場合、日本は、ふりかかった火の粉はせいぜいじぶんで払わねばならないが、それ以上の余計な貢献を果たす必要はない。

マック偽憲法の撤廃すらできない言葉の不自由な国民にとり、政府にそれ以上の手出しを望むことは、「米国の無口な手下になる」ことを意味し、いかにも危険・高価・不利な政策となるはずだからである。

吉田茂式の遁辞はいまも役に立つ

一九五〇年に朝鮮戦争が始まると、米国トルーマン政権（民主党）は慌てふためき、日本政府に、三十万人以上の規模の「日本陸軍」の再建を求めた。

〈日本本土で、共産軍の敵後方工作隊たる共産党その他が米空軍の活動を止めようとして、特に飛行場の周辺で内乱を始めるだろう〉と考えるのは合理的で、その鎮圧のためだった。

が、話はそこでとどまりはすまい。やがてはアメリカ政府の「気変わり」で、この新生日本陸軍が、朝鮮半島やら台湾対岸の最前線に送り出され、「国連軍」等の名を与えられて、アメリカ政府の馬前に討ち死にを強要される未来図は、容易に想像ができた。

ときの内閣総理大臣・吉田茂は、警察予備隊（のち、保安隊→自衛隊）の創設にまでは同意をしたものの、日本国外の米軍とともに作戦しろという誘いかけには、〈あんたらが押しつけた立派な平和憲法がそれを禁じていますので〉との論法で拒絶し通した。

吉田は戦前からのプロ外交官である。それも、重光葵《しげみつまもる》のような暗い役人肌ではない。明治初期の自由党志士の血脈を自負するところがあった。たとえば清国から日本に対しての台湾割譲は、当時の国際法上も完全に合法で、植民地フィリピンを手放す気のなかった米国もその当時、反対は唱え得なかったことを吉田は承知していた。

ところが、カイロ宣言（その条項の丸呑みを求めるのがポツダム宣言）と東京裁判とサンフランシスコ講和条約は、日本の台湾併合は日本の侵略の結果だから台湾はシナに返すべきなのだと命ずる。吉田はそんな連合国史観を日本国全権として公式に認めるしかなく、サンフランシスコで祖国の過去を汚す署名をさせられるのである。

ナチスを手本にし、ソ連からも指導を受け、民撰議会をいちども開いたことすらなかった蔣介石の国民党政府を、あたかもアジアの民主主義の旗手の如くに持ち上げた、いたって御都合主義的な宣伝を厚顔に反復できるアメリカ政府の走狗《そうく》に、誰がよろこんで志願しようぞ——というのが吉田の正当な怒りだったろう。

まして国連軍総司令官は、アジア基準では偉人かもしれないが欧米基準では二流の教養しかないマッカーサーだという。ボスが二流ならスタッフは三流だ。吉田はそんな二、三流の〈総督府〉を日本にあてがおうとする米国指導者層に反発し、そのレベルのご主人に跪拝《きはい》せんばかりの日本国民は侮蔑した。

他方で吉田は、戦前と戦中の見聞および体験から、軍隊というものが素直に怖かった。どうやってコントロールできるのか、考えもつかなかったのだ。

国家に属する軍隊は、政府に属する警察軍（旧ソ連のＫＧＢのようなもの）で勢力拮抗させないと暴走するおそれがある。これはフランスやロシアの近代政体史を学べば理解できたことである。が、戦前の日本の帝大では、そうした統治権力機構の初歩学を、教官たちは研究してはならぬこととされていたそうだ（この真相を悟らせてくれた典拠があるのだが、書名も著者名も覚えていないのが残念だ）。私立大学にはそのような「禁止」はなかったようだけれども、そもそも国家公務員になる気のない私大生たちは、そんな授業をありがたがるはずもない。よって日本では誰も公然と教えてくれる人のいない「秘奥義」となっていたのだ。

とはいえ、ソ連では、一度も軍人による共産党政府へのテロも叛乱も起きていないという現実があった。見本や参考ならば、まさに隣を探せばよかったのである。

日本の「憲兵」は陸軍省兵務課の所轄で、その指揮権は陸軍大臣にあった。内閣総理大臣は、現役陸軍大将か中将でなければならない。これでは軍人に対する文官統制の道具になろうはず（東条英機のように）陸軍大臣を兼任しないかぎりは、憲兵を己《おの》が手足にできない。その陸相はずもない。なのに、歴代首相の誰も、そこをなんとかしようと頭を使った形跡がない。

たとえば岡田啓介（元海軍大将で、二・二六事件時点での内閣総理大臣）や、昭和前期の海軍提督出身の大臣たちも、警察武力を強化することで陸軍が後援するテロを防遏《ぼうあつ》できるという発想を、いかほど治安が悪化するようになっても、とうとう持ち得なかった。エリート内務官僚すら陸軍との武力拮抗には消極的であったことについては、安倍源基の証言がある。日本の指導者層に、根本的で重大な近代国家制度の知識が、欠けていた。

同様、たまたま強大な中央集権的陸軍が国内には置かれていないために、カウンターとしての強大な憲兵隊のチェック力も必要とはしなかった英国に、大使として赴任していた外交官の吉田茂、またその吉田の軍事アドバイザーとなった元ロンドン大使館付陸軍武官（つまり旧制中学で英語が得意だった）の辰巳栄一中将にも、「和製ＫＧＢ」があれば国防軍を文民政府が統御できるのだという答案を、教養として持つチャンスはなかった。

ちなみに英国の陸軍は、王と拮抗する地方貴族たちが領民を集めて連隊をつくって国家に提供する伝統が長く、ある連隊がクーデターを起こしたとしても別の連隊がそれを鎮圧するから、なりたちからして特別な憲兵軍は不要なのだ。

こういうことに無知な戦前の日本人は、しかたなしに、どこの国でも陸軍参謀本部の下に置かれねばならぬ海軍の統帥権をわざわざ独立させてやって、その海軍の軍事力で陸軍に拮抗せしめようとしたのだった。

この「統帥二元」という日本だけのトンデモ制度は、海軍の同意がなければ陸軍だけではどんな海外遠征作戦も開始できなくしたとともに、海軍が予算維持のために謀《はか》る対英米戦争に陸軍を無理につきあわせることも可能にしてしまった。

昭和天皇は、対英米戦争は国家の破滅につながると予見したけれども、陸軍が海軍の対米戦よりも先に対ソ戦争を始めてしまうよりは、幾分マシな未来があるだろうと期待をかけるしかなかった。

なんとなれば、陸軍統制派はソ連を手本とする社会主義シンパであり、商業を憎んだだけでなく、天皇制の意義そのものを内心で肯定評価していなかったので、対ソ総力戦の大動員を口実に予算権力を一手に掌握した暁には、対ソ戦には無用の海軍を予算カットでリストラし、戒厳令下に皇族を防空壕に押し込めるなどして、日本を敵国のソ連の鏡像のような国に「改造」してしまう公算が大だったからである。

近未来に米支対立が昂ずるなかで、米国が自衛隊を「前衛」というか第一撃部隊に駆使しようとしてきた場合には、日本政府は吉田茂に倣《なら》って、マック偽憲法を楯に合同作戦を断るのが、基本スタンスとしてまず穏当だ。

そういう「開戦訓練」をいままでまったくさせてこなかった国軍を、いきなり死地に投ずるような統帥は、クラウゼヴィッツのいう「摩擦《フリクション》」の多いものとなり、たぶんは命令と実行がチグハグになって、国史に恥を残すだろう。「だったら米軍が指揮するよ」と言われて反論もできなくなるのがオチである。

「米軍だけがシナ軍から攻撃を受けつつあり、日本の領土や領海やＥＥＺや艦船や航空機や人工衛星に対しては、いまのところ何の攻撃も攪乱工作も仕掛けられてはいない」という〈端境期〉での統帥判断が、難問となる。

しかしこの問題は、たぶん中共の方から楽にしてくれることだろう。米支戦争になれば、シナ軍は必ず劈頭《へきとう》で日本にある航空基地をミサイル攻撃するだろうし、日本船舶の通る公海面や日本の領海にも機雷を仕掛ける。日本は中共から、米国と同時に先制攻撃されたことになるだろう。その場合、日本が自衛権を行使すると同時に日米安保が発動され、日米両軍は渾然一体に運用が可能となってしまうであろう。

「海上自衛隊の潜水艦でこっそり機雷を仕掛ける」だとか「米空母に随伴する護衛艦がシナ軍の潜水艦らしきものを発見したので対潜魚雷を発射して撃沈」といった、平時から訓練や業務としてこなしてきているミッションならば、どんどんやらせるように統帥するがよろしかろう。

中共はいろいろな脅し文句を日本に向けて放送するだろう。また、在支の日本人を監獄に囚禁するなどして日本政府の手足を縛ろうとも試みるだろう。が、かれらが上手な宣伝をするのは自分たちがはなはだ弱いときだけだ。いまは、シナは強いのだと錯覚をしているから、たぶん日本国民全員の憤激という逆効果を呼ぶだろう。

シナ本土では、暴徒による外国企業に対する掠奪や放火が誰にも止められなくなり、死傷者も多数、出ることだろう。進出企業の幹部社員の中には、「地政学リスク」という用語があったことを身をもって学習する人もいるかもしれない。

いったん米支間の本格戦闘が始まってしまったあとでは、日本政府は「集団的自衛権」の行使を高らかに宣言するのに不都合はなかろう。かつて佐瀬昌盛氏が〈日本は一夜にして原則問題で豹変するような国であると世界から思われてはいけない〉と警告したものだが、いまの日本の政治の水準では、政府が、こうした劇的な環境変化の機に乗じて「面《おもて》を革《あらた》める」しかないだろう。また国民はそれをとっくに期待しているし、内心で支持もするだろう。日本人はそういう国民なのである。

「同盟軍」の体裁ができあがったら、自衛隊は、シナの軍艦のみならず、漁船、商船、公船を、いずれもシナ領海外への機雷敷設の嫌疑により、片端から近海で撃沈する作戦を、米軍に続いて遂行する。「海戦」のビデオをTVニュースに提供すれば、国民は拍手喝采するだろう。

海上自衛隊は、有事には、南西諸島の諸水道をシナ艦船に対して閉ざす準備を平時から怠りなく研究している。だが、米支開戦後となれば、シナ海軍は出港そのものが不可能となるだろう。潜水艦もふくめておそらく一隻も外洋をうろつくことはできず、沖縄に近寄る潜水艦の影も形もないはずだ。

EEZ内「敵性オイル・リグ」の爆破

戦時外交では、「ドサクサ紛れ」にどれだけの正しいことができるかが、後世から評価されることになる。

「火事場泥棒」を働くのではない。とっくに実現されるべきであった正義を、激動中の環境がふたたび固定化せぬうちに、実現するだけだ。これを指導できて初めて、国民が頼りにできる「国家指導者」であろう。

もちろん、平時から政治家と軍隊とが、その研究と準備とを重ねておかぬならば、いざというとき、どんな命令が出たところで、リアルなアクションに結びついてくれるものではない（これをクラウゼヴィッツは「フリクション（摩擦）」と呼んだ。手っ取り早くその要点を学習してしまいたい人は、兵頭編『【新訳】戦争論』を読むのが時間節約になろう）。

もたもたしているうちに米支戦争が終わってしまえば、ふたたび日本政府は、シナ政府とのあいだの不愉快な懸案を、児孫にまるまる先送りで遺贈するほかない。後世の日本人は、歴史の記録を読むたびに、当時の日本政府の無気力さと無能さを蔑み、繰り返し罵ることであろう。

後世に委ねては必ずや次世代への祟りとなる日支間の重大懸案は、沖縄北方の日本の排他的経済水域内に複数建設されている、中共の違法な海底天然ガス掘削櫓だ。これは米支が戦争状態になったら、日本政府が自衛隊をして間髪を入れずに爆破させなくてはならない。

そのさい、リグ上に「非軍人」がいるかどうかは行動の妨げとはならぬ。中共は対米開戦の第一日目に、日本本土の軍民飛行場にミサイルを撃ってくることはほぼ確実で、先に日本の民間人を殺傷するのは中共となるであろう。また湾岸戦争当時のイラクのパターンからして、有事には海上油井には対空火器や武装兵が配備される可能性が高く、そんな要塞に民間人が「同居」しているなら、公表されている中共の有事法制からして、かれらは「すでにシナ軍に徴用されている兵員」だと看做《みな》してよろしい。

爆破の方法は、「無人特攻船」による。二五ノット出る小型軍艦もしくは商船（高速船はそれなり高価だが、こういうところでカネをケチって脚の遅いボロ船などを使えば、肝腎な作戦に失敗する）に、爆薬とナフサを（商船の場合はコンテナに詰めて荷役するなどして）満載し、炎上させながらオイル・リグに衝突させ、ついで小発破で船底に穴をあけ自沈させ、水中に船体が全没したところでメインの爆薬を炸裂させる。これでリグの水上部分は消し飛ぶ。

日本のEEZ内にシナのオイル・リグが固定されたままでは、シナ政府は、やがてそこを「準領土（シナの大陸棚）」だと言い出す。永久の禍根となるから、米支戦争を好機として、一基も余さず確実に爆砕してしまわねばならない。

ただし根こそぎ破壊すると、戦後に天然ガス漏出をストップさせる工事が大手間となってしまうので、海底部分はとりあえず残しておくことだ。

この作戦は米軍には注文ができない。米国は他国間の係争領土問題については中立を維持する（フォークランド紛争や湾岸戦争は、最初に「侵略」の外形が生じたために、一方への肩入れや介入をしやすかった）。リグの破壊は、日本の内閣総理大臣が命令し、日本軍が単独で実施するしかないのである。

同海域にロクな化石燃料資源などないことについては、拙著『極東日本のサバイバル武略』をご覧いただきたい。日本は、あんなところにリグなど必要としない。

ラウドスピーカーと電光掲示板で掘削櫓からの避退を勧告しつつ、燃えさかる無人船が突っ込めば、敵人にもわずかばかりは生存のチャンスが与えられよう。人道主義に立脚するわが政府は、このような温情を暴戻不遜《ぼうれいふそん》のシナ軍兵卒にもかけてやる。もちろんその前から無人機等による「空襲」を繰り返し、守備隊などいたたまれなくしておくことが推奨されるが。

中共軍がリグの周囲に機雷を敷設していて、「自爆船」による破壊が成功しなかったような場合にも備えて、第二、第三の手段（たとえば潜水艦からゴムボートでフロッグマンを送り出し爆薬を仕掛ける）も、あらかじめ講じておくべきことは、政府命令を実行する作戦指揮官として、とうぜんな心掛けだろう。

シナ人（や韓国人）が近海でしていることを日常「視覚化」せよ

乗用車の運転席に小さなＣＣＤカメラを固定して常時撮影状態にしておき、大きな加速度や衝撃を感知した場合には自動的に、また何か記録しておきたい出来事に遭遇したと思った場合には手動的操作により、時間をさかのぼって動画を記録保存しておける「ドライブレコーダー」が、民間に普及しつつある。

この録画は、しばしば興味本位に、またときには、危険な運転者を世間に告発してやらねばとの公憤から、インターネットの動画投稿サイト「ユーチューブ」等にアップロードされて、公開される。その内容が話題になれば、警察が動いて悪質ドライバーが検挙されるという話もあるようである。

ビデオが嘘をつかぬかどうかは、保証のかぎりではない。そもそも、ちょっと前までは何万円かしていたドライブレコーダーを、ご自慢のスポーツカーにはやばやと装置したいと、その投稿者が決意した動機は何なのか、勘ぐればキリのないところだ。しかしいままでのところ、ドライブレコーダーの動画は、すくなくとも善意の運転者を極悪人のように映し出したことは、ないようである。

過去、南シナ海の領土・領海をめぐってベトナム人は、シナ軍やシナ公船のために、もう数十人もが殺されている。

にもかかわらずベトナムは、ごく近年まで、あまり世界の同情を惹《ひ》くこともできなかった。理由は、そうした重大な紛争の一部始終は、ぜひともビデオで録画して全世界に訴えるべきであったところ、なにゆえにか、彼らはスチル写真の一枚すら残しておらず、そのため、ベトナム政府の非難声明に、訴求力がほとんど伴わないためだ。

海の上の揉めごとでも、「先に手を出したのはどっちか」がわかるビデオ映像は、当事者の正邪を判断してもらうためには決定打的な材料になる。

二〇一〇年の尖閣沖のシナ漁船衝突事件では、海上保安庁が撮影していた証拠能力のある動画を、日本政府があえて世間に公表させなかったせいで、シナ政府による盗っ人たけだけしい嘘宣伝が何週間もまかり通ることを許してしまった。一海上保安官が職を賭して映像を流出させなければ、シナ政府はその後にもっと悪辣な挑発をエスカレートさせたことであろう。

動画の常時録画と公開可能性とは、隣国による戦争挑発行為や犯罪の抑止にもつながる。

日本の護衛艦、巡視船艇その他の公船、のみならず商船や漁船やプレジャーボートもできるだけ、ドライブレコーダーに類した常続的録画監視システムを搭載するべきだろう。小型船舶の場合、船体の動揺をキャンセルするソフトウェアで画像処理でもしないと、再生動画はさぞ見づらいだろうが、観賞するのが目的ではなく、証拠を残すためなのだから苦しゅうはない。

さてここで、一つの世界の常識について、再確認しておく。それは、「経済制裁」の実施は、戦時国際法上の、「先に手を出した」ことには該当しない――という国家間慣行についてだ。

これがわからない人が、なさけないことに、日本国内には、まだたくさんいる。そのレベルの基礎知識すらないから、内閣官房長官すらシナと抗争することなど思いもよらずに、敵から恫喝されるや周章狼狽してなすところを知らず、見苦しくも公的な証拠動画を抹殺せんとし、自国民に対しては内弁慶の虚勢を張って、後世に赤恥を残したりするのであろう。

およそすべての国家は、「セキュリティ」（安全保障）のために戦争にとびこむ。その戦争が「侵略」であることも、第一次大戦前はふつうにあった。

しかし、「国際連盟」と同様に世界大戦の再発を防ぐために申し合わされた一九二八年の「パリ不戦条約」が公許した戦争は、「セルフディフェンス」（自衛）のみであった。この価値観は、こんにちなお近代国家のあいだでは維持され、支持され、承認され続けている。

昭和十五年から十六年にかけ、日本の外務省と陸海軍は、じぶんたちがやる気まんまんの奇襲開戦と同時の外地占領作戦が、世界から「セルフディフェンス」と認められるわけのないことを容易に想像し得た。そこで彼らは能吏らしく、「条約違反をする気はないのだ」との体裁を整えるべく、「自存自衛」なる意味曖昧な熟語をこねあげ、対米英開戦前の日本政府の公式文書中に、幾度も盛り込んだ。

この「自存自衛」とは「セルフディフェンス」のことなんですよ、と公然と主張する気はいまの外務省にはなかろう。もともとそれは「フォー・セキュリティ」の言い換え以上の意味内容などないからだ。すべての国家は「安全保障」のために行動をしている。あたりまえのことである。だが一九三〇年代以降は、「セルフディフェンス」でない開戦流儀は、パリ不戦条約に違反した「侵略」とみなされねばならないのだ。大々的な奇襲開戦を画策・準備しながら、そこをどう言い抜ける気だったのか。

日本政府は、ただ「自存自衛」と日本語で造語したことをもって、自己満足していたのであった。

日本政府は、日本国が「セルフディフェンス」を為したこと（すなわち「侵略国」ではないこと）の説得的な宣伝と申し開きに、対米英開戦時にも、敗戦後にも、失敗している。

日本が開戦前にパリ不戦条約から脱退していたなら、筋は通った（その場合、フィリピンと真珠湾の警戒態勢は極度に強化されただろうが）。

また、昭和十六年十二月八日に、「米英軍からとつぜん空襲されたので、ただいま反撃・交戦中である」と大本営が発表したのなら、それは「セルフディフェンス」の線に沿った主張であり、事実無根の捏造《ねつぞう》であるとしても、国際条約に遠慮していますという精神構造だけは伝わる。

しかし日本政府は、国際条約には何の遠慮も示さずに、あっけらかんと「侵略」する道を選んだ。これは「敵から攻撃されたので反撃した」と嘘をつくよりも、もっと深刻な「嘘吐《つ》き」の態度だった。

「たしかに一九二八年に、日本は先制攻撃開戦をしないと約束し署名し批准したかもしれませんけどね、ぜんぶそれ、奇襲開戦を成功させるための嘘なのよ」——と開き直ったようなものだった。

世界には日本より強い国がいくつもあったのに、「日本国は決して信用してはならない国ですよ」と世界にじぶんから広告宣伝して、同時に数カ国との戦争を始めてしまったのだ。敗戦の暁に、台湾の再割譲を含む、どんな領土処分をされても、日本人は文句を言えなくなった。なぜなら、過去の条約など尊重はしないと、日本の政府がみずから態度で表明してしまっているのだ。

そうでなくとも、世界戦争では中立国は小国のみで無力（発言権なし）なので、敗者は何をされても文句が言えなくなりがちだ。

公人（日本政府）が公的な嘘を吐いて恥じなければ、その公人は近代人の仲間ではないと見下されるのが、近代世界の常識（『五箇条の御誓文』にいう「天地の公道」）であることを、ここでも、しつこく強調をしたく思う。

尖閣諸島への警備部隊の常駐

民俗学者の柳田国男は、有名な「蝸牛考」という論稿の中で、そのむかしに京都で語られていた言葉が、長い年月をかけて、日本列島の西と東に放射状に拡散していったのであると、全国各地に残るいろいろな呼称を証拠に、説破した。

こんにち、沖縄県の先島群島の宮古島では、〈お元気ですか〉という気軽な意味あいで、「わかわかやー」と挨拶される。さいごの長音は間延びさせる。その音程は上昇させて止める。宛然《えんぜん》、宮中歌会始めで冷泉《れいぜい》家が三十一文字の札を読み上げるときの伝統の調子と一般だ。古代の日本語の音声が、冷泉家と宮古島に保存されているのは興味深い。

辺陬《へんすう》の離島に大産業が成り立つことは稀であって、その国境警備にかかわる費用の負担を、税収も人口も少ない地方に押しつけることなどできぬことは言うまでもない。

人体のすみずみまでの皮膚の血流は、ただ一個の心臓が拍出する。そして皮膚のどの一カ所の破れでも、かりに放置をされるなら、それが身体全部の生命維持を不能に至らしめるだろう。

そんな人体と同じように、辺境を含めた一国の防衛は、国家の中央が全国規模で油断なく計画し按配し、絶え間のない見直しの努力を続け、隣国が「あそこなら侵略できる」と錯覚するようなほころびを、いささかでもつくらないように汗を流すのでなかったらば、決して立ち行くものではない。

宮古島には下地島《しもじしま》が近接する。そこには一九七八年に民航機パイロットの訓練用の長い滑走路が開港した。しかるに当時の運輸省は、当時の沖縄県知事に対し、同空港は軍事利用をさせないと文書で約束したとも言われる。運輸省の役人に内閣総理大臣の統帥権を干犯する資格はないし、地方自治体にもそれを求める資格はない。日本の空港も道路も河川も山林も、必要になれば国防のために使用されるのは、とうぜんである。国防に関して「地方分権」などあり得ない。その種の非常識な「契約」がもしあったとすれば、その行為は国家叛逆なのであり、さいしょから違憲で無効というだけだ。

下地島空港は、近年は米海兵隊や自衛隊（特に海自）の航空機が給油目的でちょくちょく利用する。有事に航空基地化するのは地元民もとうぜん知っているだろう。

航空基地は「基地群」として運用するようにこころがけ、敵のミサイル攻撃などがあっても抗堪《こうたん》しやすいように考えておくことが、安全・安価・有利である。いくら弾道弾を撃ち込んでも、日米両空軍の活動を阻害することはできないのだと悟れば、シナ軍もさいしょから暴挙を諦める。

さて仮にもしシナ軍が対米「開戦奇襲」をあきらめ、弾道弾の発射を控えて、米軍よりも先に日本領土を狙って特殊部隊で侵略してきた場合は、日本は「自衛戦闘」をただちに開始し、それをいつまでも継続することによって、米軍を無理にでも戦場に引きずり込まねばならない。

米国は昔から国是として、外国同士の領土係争の問題には首を突っ込まない。理由は、けっきょくは係争の当事者たるすべての外国朝野から米国人が怨まれるだけに終わるからである。世界中のあらゆる国境線には、不満や不正義が歴史的にまとわりついているものだ。たいがい、皆が満足するその解決など不可能なのだと、米国務省はさすがに達観しているのだ。

したがって日本政府（外務省）が、中共との密約に基づいて尖閣諸島に平時に自衛隊を常駐させていない外見は、米国のコミットを公的にためらわせてしまうという点で、自殺的だといえる。

中共軍の特殊部隊が先に尖閣に着上して、あとから排除にかかった自衛隊に抵抗をした場合、あたかも「自衛戦闘」を実施しているのは中共側であるような外観を呈することであろう。そのさいに中共が「ここは係争地であり、最近まで無主地であった」と宣伝すれば、米国国務省は「係争地なら、米国はかかわるべきではありません」と大統領に助言するのが、職掌上も役目柄となるのだ。

要らぬ密約で外患を招致した日本の高官を「国家叛逆罪」で裁けるような法環境を整えないと、これに類する禍根が断たれることは将来にわたってないであろう。

尖閣諸島には、廃品の74式戦車を複数運び入れて、車体を地中に埋めて沿岸砲台にしておくと、そこが日本の施政権下にあることが、人工衛星写真によって誰にでも視覚的に理解できるようになるだろう。自衛隊法では、「武器」を守るためならば隊員が武器を使用してもよいことになっている。便衣《べんい》で上陸して砲台に接近するシナ工作員を、適法に射撃できるわけである。「旧式な戦車砲が、現代の要塞火器として有効か」は、ここでは問うところではない。「誰も、漁船でやってきて、重さ三八トンの鋼鉄を簡単にどかすことはできない」という点こそが、最大の功利なのである。ましてそれが十台、二十台もあり、土台と周囲を鉄筋コンクリートでガッチリと固められていたなら……。それはもはや「灯台」以上の「日本国領土」の象徴だ。

米国が他国と結ぶ安全保障条約は、「用心棒契約」ではない。締約国が死力を尽くして「自衛」をするときには、いささかお力になれましょう、という公的誓言にすぎない。それ以上のコミットをしたら議会（納税者）は納得しませんから——と、あらかじめ米国大統領は釘を刺されている。

大産油国を反米国家の手に渡さないということならば、何の約束もしていない地域であろうが、米軍は駆けつけることがある。それについては米議会も伝統的に納得をしてきた（ゆえに台湾政府は、東シナ海には大油田がある、というディスインフォメーションが米国内で広まれば、台湾の将来もいっそう安心だと考える）。幸か不幸か、日本は大産油国ではない。

したがって、石油が出ないことが米国要路にはよくわかっている尖閣周辺領域にかぎらず、日本の辺陬の島嶼《とうしょ》の場合、そこで即座に「自衛戦闘」を発生させなければ、米国として「日米安保」を適用してくれない場合もとうぜん考えられる。日本の文民政府には、つねひごろから自衛の覚悟が求められるのだ。

離島に哨所を築き、わずかな人数の警備隊でもローテーションで常続的に詰めさせておけば、シナ軍の武力侵攻は「自衛戦闘」の引き金となる。かならず大騒ぎに発展するだろう。大騒ぎに発展するとわかっていれば、かれらは出てこない。おとしどころが読めなくなるからである。

しかし日本人が初動で気迫負けして穏便に済まさんとせんか、その瞬間からわが内閣は、暴力と巧偽《こうぎ》譎詐《きつさ》の組み合わせを長技とする儒教政府の術中に嵌《は》まり、米国によっても救われはしないだろう。

対支（および対儒教国）外交では、二国間問題を決して内済にはおわらせない決意も、近代国家としての国益を守るであろう。

本書は「米支戦争」を占う企画であって、「日支戦争」や「日韓戦争」を論ずる本ではないので、このへんで話を切り上げよう。

「シナ占領軍」には絶対に加わるべからず

朝鮮戦争で米軍は、中共軍の「人海戦術」を体験し、高価なＶＴ信管（地表スレスレで空中爆発する電波信管）をとりつけた一〇七ミリ重迫撃砲弾の連打で、かろうじて三十八度線を保ったものの、ふたたび鴨緑江《おうりよつこう》まで押し出す意欲は挫《くじ》け、陸戦における「数の重み」を思い知らされた。

休戦成立後の一九五四年、中共という地球の裏側の新奇な敵の厄介さを米本土の「銃後」に感覚的に理解させるため、『黒い絨毯』（原題 *The Naked Jungle*）というSF映画が製作され、公開された。

南米の密林の生き物を喰い尽くしながら、チャールトン・ヘストンのプランテーションに向かって攻め寄せてくる黒蟻の大群こそは、合衆国が今後も対決しなければならない「人間以下」の敵のイメージだった。

他方で、朝鮮に出征してシナ兵と相まみえなかった、ほとんどの米国大衆は、シナ幻想を抱き続ける。

かの国の民衆は専制体制にいやいやながら服従しているだけで、暴動のきっかけを与えてやれば、シナ人みずからが北京政府を打倒し、民主主義を実現するはずだ――と思いたいわけだ。

二〇一二年三月に、対支有事のさいには絶東《ぜっとう》の米軍を仕切ることになる「太平洋軍」の司令官として、サミュエル・ロックリアー海軍大将が転補されてきた。

ロックリアー大将は、その前は、米海軍の欧州方面での司令官。二〇一一年、シチリア島にある海軍航空隊基地や、地中海上の航空母艦・強襲揚陸艦から、米軍機をなるだけ前面に出さないようなスタイルで、欧州諸国軍の経空軍事干渉を手厚くサポートし、とうとうカダフィ大佐の命運を窮《きわ》まらせた、赫々《かくかく》たる武勲に輝く提督なのである。

米政権がこの人事にこめた、北京に対するメッセージ性は明快であろう。「中共もカダフィと同じようにしてやろうか？」というわけだ。

しかし絶東では、米軍の前に立ってシナ軍と戦おうとするような、元気に満ちた国はない。もし米軍が正面に立たないなら、対支戦争も起こりはしないのだ。

一九七二年の「ニクソン・ドクトリン」では、中東が米国からあまりにも遠いことを考え、イラン（パーレヴィ王制）軍を現地の〈代官〉のように仕立てて、米軍が中東方面にあまり展開することなく、米国に好都合な秩序を維持したいと念願した。

この構想がホメイニ革命で破綻したので、カーター政権は米軍の〈遠距離介入力〉を整備せざるを得なくなった。

そこから、ディエゴガルシア島（インド洋に浮かぶイギリスの属領）の基地化だとか、装備や弾薬を世界各地の陸上や専用船内に前もって集積しておいて、そこに巨大輸送機で兵員だけ駆けつけさせる手順だとか、高速輸送艦だとかが、開発されることになったのである。

米国は、冷戦後の絶東においては、日本軍（自衛隊）を対支抑止の尖兵に仕立てたいと希望する。

しかし、国連の安全保障理事会の常任委員でもなく、核武装すら米支密約で禁じられてきた（そしてその禁止圧力を自力で跳ね返す言語力も発揮し得なかった）日本に、修羅場の芝居が踏めようはずもない。

絶東において日本が米軍に協力できることは、基地や補給品提供や輸送、傷兵の治療である。

既著でも数度指摘しているように、シナ軍が、とつぜんに台湾占領作戦を発動するようなことは、ありそうもない。そして万一それが起きた場合、日本政府は、自衛の気概のない国民を応援する義理はもちあわせない。

一九九〇年にクウェート国民は、イスラエル以上の軍資金がありながら、自衛戦闘をほとんどしなかった。国家指導層（いずれも大富豪の王族たち）は、隣国のサダム・フセインの野望を開戦の一年近くも前から察知していて、事前に資産を国外へ移し、事後には国民を見捨てて国外に逃れた。

かかる精神的に頽廃した無気力政府のために、わが陸上自衛隊の尊い人命を差し出すようなマネ〈ブッシュ〈父〉大統領は直通電話で海部首相に強く派兵を要請したという〉をあえてしなかったことにつき、日本人は胸を張ってよい。そしてもしも、そのような唾棄すべき政府から戦後に新聞広告で一言も感謝されなかったとしたなら、じつに爽快な気分になれるだろう。

米支戦争が始まると、日頃の臆病者ほど俄《にわ》かに調子づき、むやみに米国という殿様の馬前を二本足で走り回る雑兵になりたがる軽輩も、日本国には簇生《そうせい》することであろう。しかし、シナ本土に上陸するような作戦には、わが自衛隊は加わってはならない。ベトナム戦争中の韓国軍が、どういうひどい評判をインドシナの現地で語り草にされているか、思い出すべきである。

「戦後」にも、同様の自重が必要だ。自衛隊は決して「進駐軍」に加わってはならぬ。

一八六五年、南北戦争が終結するや、米国北部から雑多な〈一旗組〉が、「戦勝国商人」としてうまい利権にありつこうと、いっせいに敗戦南部へ乗り込んできた。大作映画の『風と共に去りぬ』には、タラ農場の固定資産税が払いきれないところにつけこんで、土地を買い叩いてやろうとする北部紳士が、南部訛《なまり》の軽薄そうな若い女を一緒に馬車に乗せて、現われる。焼け跡に飯の種を漁るそれら北部人がどのように憎まれたかは、映画の中で念を入れて描写されていたと思う。

占領軍たる北部人がラディカルな「自由化」を強制するのを憎んだ南部人は、「クー・クラックス・クラン」を結成した。マーガレット・ミッチェルの原作小説では、アシュレーもクランだ、ということになっている。

そして原作にも映画にも言及はないが、北東部の国家指導層の中には、南部の黒人農奴に政治的平等を与えるのは早い、と考える者も少なくなかった。リンカーン後の歴代大統領も、そこには十分に気を遣った。

こうした慎重さは、しかし、米軍がシナを占領した場合には、見られないであろう。占領者の中に〈幻想〉が強すぎるためだ。日本人は、米国人の踊りに付き合うことはない。

「上海~長崎」航路帯の掃海

米支戦争の結果、中共王朝が易幟《えきし》または幹部放伐《ほうばつ》となり屈服したとして、それにひきつづく「戦後処理」は、えらい仕事になるだろう。

米国の最大関心事は「核」だから、核兵器基地、倉庫、工場、研究所などのあるところには、それぞれ米軍の小部隊が進駐し、捜索をすることだろう。

日本政府はとりあえず航空機を飛ばして、残留した日本人の引き揚げを進めなくてはなるまい。

同時に、爆破した違法掘削リグから海中への天然ガス漏出を止める工事も進めなければならない。なにしろ汚染されているのは日本のEEZなのだ。

不幸中の幸いとすべきは、東シナ海での原油の漏出量は、戦争による他の海洋汚染と比べて、とるにたらない規模であろうこと。

米支戦争が起きると、フィリピンやベトナムも、シナ企業の違法海上掘削リグを破壊することだろう。あちこちで天然ガスの漏出が起きる。そして漏出を止める技術をもっている米国企業には、ほかにやることがあり、なかなか手助けができないだろう。中共がまき散らす迷惑は斯《か》くの如し。

戦争中にシナ国内で「日本人虐殺」があった場合には、戦後の国際軍事法廷の検事に、日本から法曹家を出さねばなるまい。「北京裁判」である。

続いて日本が負担するであろう「復旧」事業は、公海や国際海峡に残存するおびただしい数の機雷の除去、となろう。

インド洋からのスーパータンカーが通るロンボク海峡（ULOCと呼ばれる、VLCCの上のサイズのスーパータンカーは、平時でもマラッカ海峡を利用しがたい）の掃海も、日本が分担するしかないだろう。ロンボク海峡から距離が近いのは豪州だが、豪州海軍にもほかに掃海せねばならない箇所がたくさんあろうし（特に西海岸の軍港は漁船等による密かな機雷敷設や破壊工作の対象にされているはず）、米海軍の掃海資産も中東で手一杯であろう。米支戦争が起これば、その機に乗じて中東でも何か騒ぎが起こっているのはまず確実なのだ。

長期的には、シナ最大の商港である上海と、公海を結ぶ航路帯も一条、機雷の心配がないように海上自衛隊が啓開《けいかい》してやるべきなのだろう。しかし現場海域は機雷密度が高く、沈船もゴロゴロしているし、海水の透明度は悪いから、気の遠くなるような時間がかかる。まあ、安全第一でゆっくりやることだ。作業が遅れても、シナ大陸と物理的に縁の切れた静穏な日々が続くだけである。

在日敵性外国人のシナ大陸向け国外追放には、政府がチャーターした民間旅客機を飛ばすのがいちばんである。

再説・日本独自のＩＳＲの盲点

日本の安全保障コミュニティは、二〇〇五年から〇八年にかけて、朝鮮半島やシナ大陸からの弾道ミサイルの発射を、赤外線輻射熱《ふくしゃねつ》パターンから探知できる〈早期警戒衛星〉等の導入をおおやけに検討し始めた。

そして二〇一二年六月には、これから整備したい〈日本版ＧＰＳ〉衛星システム（準天頂衛星といい、あたかも日本の専売特許の如くに宣伝されているものだが、中共も「北斗」衛星の一部を類似の傾斜静止軌道に投入済み）を堂々と軍事目的、たとえば爆弾誘導にも利用し得るようにするための法律の改正も完了した。

一九六七年の宇宙条約では、軌道上に核爆弾を常駐させてはいけないということが申し合わされたのだが、それ以外の軍事利用（たとえば高性能のスパイ衛星の打ち上げ。初期の宇宙ステーションも実態は偵察基地であった）は、各国の自由であった。それを日本の国会は、わざわざおのれの両目を法律で覆うような自縄自縛に耽《ふけ》ったものだ。

そもそも必要のなかった目隠しをじぶんたちで取り去るのにも、日本国民はいちいち政治資源（ある国会議員を当選させ、その議員がある法案を通過させるために投入せねばならぬ労苦・カネ・有限な機会のトータル）をムダづかいせねばならない。

現在、北朝鮮（や、もしかして中共）が、何かミサイルを発射した場合の速報は、米国のミサイル早期警戒衛星の探知した赤外線パターンを、通信衛星経由で地上に無線で逓伝《ていでん》し（その電波送出もリアルタイムではなく間欠的バースト通信。したがってすでに数十秒の遅れがある）、それを衛星通信設備の充実した三沢基地で受信して「ＪＴＡＧＳ」という米軍特製のシステムで解析。コンピュータが出してくれる「これは弾道弾発射らしい。飛翔方向は……」という警報を、在日米軍と自衛隊（自衛隊の場合はＭＤ担当部隊等）が一斉に受領するようになっているらしい。

もし全国災害放送網が機能すれば、それから日本国民に弾道弾の危険が知らされる（北朝鮮が沖縄上空めがけてミサイルを発射した二〇一二年四月十三日には、この手順は機能しなかった）かもしれず、もし迎撃の準備ができていれば、迎撃も実行される手はずとされている。

だいたい発射から日本政府や自衛隊の末端部隊が知るまでに、数分は過ぎる。北朝鮮からの発射だと、七分で日本本土に着弾する計算なのだから、街を歩いている日本国民が、とっさに近くの頑丈な橋の下に隠れる、あるいは寝たきり老人を公共地下シェルターへ移すなどの避難行動のために与えられる時間は、最善のケースでも四分ぐらいではないか。これがもし韓国から大阪を狙った発射だったなら、コンピュータが予想落下地点を解析した時点で、もう残された時間はほとんどないだろう。近海からのSLBM発射でも、似たようなこととなろう。

ロシア領やシナ領からニューヨークを狙うICBMならば、探知後の分析や警報伝達に最初の数分間が消費されたとしても、あまり困らない。着弾は三十分以上もあととなるはずだからだ（米国大統領は、敵の核ミサイルの米本土飛来を知らされてから十三分以内に核反撃の決心および破壊目標群セットの選択をし、それから四分以内に米国のICBMが発射されることになっている。着弾までに最低それだけの余裕があるということ）。

ところが、日本に害意を抱くミサイル保有国は、いずれも「近隣国」だ。発射から着弾までに、長くても（すなわち満州等、やや遠くからの発射の場合でも）十数分しかかからない。

したがって、旧式のDSP（湾岸戦争当時にイラク軍のスカッド・ミサイルの発射を見張った米軍の衛星）の類似品であれ、それよりさらに進化している最新のモデルであれ、日本は早期警戒衛星に投資してもムダだ。

利権屋たちは「全くムダではない」と言うだろうが、ほかにもっと安全で安価で有利な手段があるのに、有限の国防資源をわざわざ危険・高価・不利な手段に傾注してしまおうとするのなら、それはまさしく自国民に対する裏切り者であろう。

二〇〇九年四月に北朝鮮が「テポドン2号」を東に向けて発射したとき、日本海の公海域から北朝鮮の東海岸を見張っていた海上自衛隊のイージス艦『こんごう』は、米軍のＤＳＰ衛星情報（三沢経由）よりも早く、発射探知の第一報を日本政府に通報できた。

また現在、青森県の大湊軍港に属する釜臥山《かまふせやま》のレーダーサイト（空自担当）は、最新型のＦＰＳ－5、通称「ガメラ・レーダー」に換装されているけれども、もしもこの工事が二〇〇九年四月以前に完了していたとしたならば、「テポドン2号」を、発射から二～三分で探知できただろうという。

ガメラ・レーダーは、Ｌバンド（テレビのＵＨＦより高い周波数。三菱電機は国産測地衛星のレーダー用に経験を積んできた）とＳバンド（Ｌバンドより高いがＸバンドよりは低い周波数帯。イージス艦の対弾道弾レーダーも同じ。中共はこのＳバンドのフェイズドアレイ・レーダーは国産できていない）のデュアル波長を用い、視程は一〇〇〇キロメートル以上はある。

レーダーの性能はサイズやハードウェアだけでは決まらず、信号を解析するソフトウェア開発に何百億円突っ込めるかによっても左右されてしまうので、単純な類推をすることは不可能なのだが、参考として、米国がこれからチェコに置こうとしている「Xバンド・レーダー」の性能は、現在アラスカ州のアダク島を母港としている洋上フロート型Xバンド・レーダー「SBX」と同じで、四七〇〇キロメートル先の物体を探知し、それが二〇〇〇キロメートルまで近づけば、囮《おとり》弾頭と真弾頭を視覚的に識別できるほど解像力が高いという。

このレーダーの類似品を日本が国産して、たとえば西表島《いりおもてじま》（先島群島）や魚釣島《うおつりじま》（尖閣諸島）や竹島（島根県）の陸上に据えつけた方が、早期警報のセンサーとしてどれほど頼りになるか知れまい（二〇一二年七月に中共がICBM試射をしたことから、西日本基地かフィリピンに米軍のXバンド・レーダーが配備される可能性が出てきている）。

西欧諸邦が近隣のロシアから弾道ミサイルで攻撃される場合、米国衛星の情報では遅すぎるから、チェコ西部にXバンド・レーダーを置こうというのである（表向きは「イランに備えるため」と説明する。アダク島のSBXも「北朝鮮に備える」と公言しつつ、じつはシナのSLBMに備えているもの）。

日本の防衛省等はとうぜんに、こういう事実を承知しながら、役に立ちそうにない早期警戒衛星の開発に有限の国防資源を投入しようと奔走しているのは、国の安全保障とは何の関係もない利権が動機になっているのではないかと兵頭は勘ぐらざるを得ない。

既述の如く、二〇一一年に、JAXAの二機の人工衛星が、ロシアの軍用通信衛星「ラデュガ1－7」が軌道に異常接近してきたため、衝突を避けるために、一方的に場所明け渡しを余儀なくされた。大道狭しと後ろから転がしてくるアブなそうな車に、「おまえら、邪魔なんだよ」とパッシングされ、コソコソと脇道に避け、「悔しいけれども、ま、いっかー。オレたち給料高いし」と泣き寝入りを決め込んだ喧嘩弱者がＪＡＸＡではなかったか。

宇宙における即時同害報復手段とその意志（および法制）をもっていない日本が、静止軌道に軍用衛星を投入すれば、シナやロシアが赤外線レーザー砲や「暴走」衛星を使ってどんな妨害行動に出てくるか、そして日本の虎の子衛星の故障を知って、どんなしらじらしい台詞《せりふ》をうそぶくか、日本の関係閣僚の情けない記者会見とともに、いまから目に浮かぶようではないか。

日本は過去に、光学式スパイ衛星四機と、レーダー式スパイ衛星二機を軌道投入した。が、レーダー式は特に調子が悪く、二機ともほとんど機能していないらしい。地上のＩＳＲ設備ならば、故障や破壊工作を受けても何とか直す手立てがあるけれども、いったん軌道上に置いた衛星には、メーカーの技師も手は届かない（スペースシャトルが現役だったときでさえ、その最高周回高度は六〇〇キロメートルほどで、とても三万六〇〇〇キロメートルの静止軌道にまでは到達できなかった）。

二〇〇九年にブラジル沖の大西洋で、フランス民航機が行方不明になってしまう事故があった。もし被雷が原因だとしたなら、米軍のＤＳＰまたはＳＢＩＲＳ（ＤＳＰよりも進んだ早期警戒衛星）が、小爆発時の赤外線信号を記録しているであろう、というので、仏政府が米政府にデータ提供を要請したところ、ある事実が判明する。

この二種類の早期警戒衛星は、雲の下の赤外線の探知は、苦手だったのである。中東あたりは雲が少ないからDSPでも役立ったが、モンスーン気候の絶東では、敵国の発射した弾道ミサイルが、高度一万メートル以上の雲のないところへ飛び出してくるまで、ロクに探知ができない可能性もあるわけだ。そんなものを十年後に保有してどうするのか。

このように、国産の〈早期警戒静止衛星〉とやらは、日本国民に損をさせるだけの筋悪《すじわる》案件であるように私には思われてならないが、関係者に反論があるのなら、ぜひ公開のインターネット上でそれを読んでみたい。

ここでフランスの知恵を参照しておこう。

水爆ミサイルが比較的に近いところ（つまりロシア西部）から飛来するだろうと予測され、米国提供の早期警報に頼っていては、こころもとないという地政学的条件を自認するフランスは、自前の早期警戒衛星も製造できる技術力はあるけれども、あえてそんな選択をしていない。彼らは「ＯＴＨ－Ｂ」レーダー、すなわち短波の電離層反射を利用する超地平線レーダーで、近隣における弾道弾発射をいち早く探知しようと計画中なのである。

ＮＯＳＴＲＡＤＡＭＳという名称で、全周を警戒できるように星型のレーダー基地配列とし、だいたい最短七〇〇キロメートルから最長二〇〇〇キロメートルまでの空間を見張る（七〇〇キロメートルより近いところは見張れない。それは他の高周波の防空レーダーでカバーする）。

二〇〇〇キロメートル先で強力なロケットの上昇運動があれば、それはドップラー信号となってフランスのレーダー受信局まで跳ね返ってくる。ロケットが長く尾を曳く、激しく攪拌《かくはん》された空気も、短波を反射する。超音速爆撃機や、長射程巡航ミサイルの接近も、ＯＴＨレーダーは探知できる。

いまのロシアの西部国境の少し内側から、フランスの中央部までが、だいたい二〇〇〇キロメートルだ。満州から東京まではもっと近く、二〇〇〇キロメートルもない。何が起きるかわからない非常時には、手元にあるレーダー・サイトの方が、高度三万六〇〇〇キロメートルの赤道上の静止軌道に置きっぱなしの人工衛星よりも、よほど安心できると考えるのが、正常な理性の判断力なのではないか。

米国もかつてはＯＴＨレーダー基地を複数運用し、他の高周波帯を使う地上のレーダー基地とともに、ソ連や中共が北米に向けて発射するかもしれない核ミサイルを見張る一助としていた。

しかし、宇宙ですっかり覇権的地位を得てしまった米国は、そうした監視もぜんぶ人工衛星に任せてしまった方が、安全・安価・有利だと判断した。

米国はこんにち、ノルウェーにＸバンド・レーダー基地を置いているけれども、これはロシアの新型の長距離ミサイル実験を観測するため（特にその囮弾頭を放出するタイミングを承知したい）であって、早期警戒のためではないのだ。

日本が弾道弾警戒の手法に関してアメリカの猿真似をしても、地政学的な基礎条件がぜんぜん異なるのだから、必ずしも安全・安価・有利とはならない。フランスと基礎条件が類似するわが国は、フランスの行き方をもっと参考にしたらよい。

シナ軍は、浙江《せっこう》省の平陽《へいよう》市の近く、海岸から八キロメートル引っ込んだところに巨大アンテナ基地を設けて、とっくに、わが尖閣諸島海域をOTH電波で覆っている（原理的にパルス波と連続波とがあるが、中共のシステムは周波数変調方式の連続波）から、こちらとしても何の遠慮をすることもない。

米国はレーガン政権時代、硫黄島にOTHを置きたいと防衛庁に打診したことがあって、そのさいワインバーガー国防長官は、理想的最大探知距離として四〇〇〇キロメートルという数値を出している。日本でOTHを国産してもこの高性能にはまず及ばないだろうが、日本の本州や北海道に置くなら、OTHの視程は二〇〇〇キロメートルもあれば十分である。

レーダー直近の「死角」を朝鮮半島にかぶせないために、その設置の適地は、富士裾野か、伊豆諸島か、北海道に求めることになろう。送信局と受信局は電波干渉を回避するため一六〇キロメートル以上離す必要があり、また、火山活動のためにグラグラしているような土地も不適当である。

OTHレーダーは、敵の弾道弾発射を早期警戒できるだけでなく、敵の巡航ミサイルの発射や、大型艦船の海面航走も、ドップラーを手がかりに探知することができる。静止した船は気配は消えるが、大型艦船が居座れる岸壁は限られており、座標は既知だ。そうした情報をもとに、渤海《ぼっかい》に隠れ潜むシナ空母を、わが長射程ミサイルで攻撃できる日が、来るかもしれない。

「無人機母艦」が役に立つ

南西諸島のどこかの島にシナ兵（便衣隊）が上陸してきて占領してしまう——という事態は、米支戦争と連動するにしろしないにしろ、ほとんど考えられないと兵頭は予想しているけれども、それも、こちらにあくまで十分な「備え」があっての話。

少しでも油断したり隙を見せれば、シナ人や韓国人はすぐさまそこにつけこんでくるであろう（韓国が竹島を李承晩ライン内に入れたのは朝鮮戦争の最中の一九五二年で、二年後に警備隊を常駐させ占拠した）。

南西諸島のような広大な守備領域を機動的に防護するためには、常時、緊急出動可能な歩兵ユニットを最初から艦内に乗せたまま遊弋《ゆうよく》する「ヘリ空母」を活用することが、視覚的にわかりやすい抑止力のひとつにはなり得よう。防衛省内局は、「即応」とか「能動的」という言葉をお題目にしたいようだけれども、警察署が一〇〇キロメートル離れていたら、犯罪者は好きなように無人の倉庫に侵入するだろう。

二〇一一年のリビア内戦への干渉戦争では、フランスは空母から戦闘ヘリを発進させ、カダフィ派の車両等に向けて四百三十一発もの「ＨＯＴミサイル」（冷戦期にソ連戦車を遠間から阻止するために開発されたフランス製の重対戦車誘導弾）を発射した。リビア上空を乱舞したＮＡＴＯ軍ヘリコプターの九割を、フランス空母が提供したのだ。

残念だが、これと同じようなシステムを、自衛隊がいまから整備しようとしても、たいへんな時間がかかってしまう。

まず、陸上自衛隊の対地攻撃ヘリコプターには「塩害対策」がほどこされていない。艦内格納のために回転翼を畳めるようにもなっていない。海自の対潜ヘリなら塩害対策ができているし、「ヘルファイア」対舟艇ミサイルも発射できるが、対地攻撃するようには最初からデザインされていない。

ふつうの陸自の攻撃ヘリや大型輸送ヘリが陸上基地から洋上のヘリ空母へ飛んでいって、そこで燃料や弾薬の補給だけしてもらって戦場の島をめざすという「甲板借り」用法も、理論上は可能である。けれども、こんどは陸自のヘリ操縦士が洋上飛行の訓練をしていないことが大問題になる。

つねに動き回る母艦に確実にたどり着くための高性能の通信／航法機材も準備しないと、海の上で迷子になって燃料切れで遭難してしまう。

そうした、いままで考えてもこなかった教育訓練や機材を、一からととのえ直さなくてはならない。とても十年くらいでは実現しない話だろう。十年も経つうちには、米支戦争は終わってしまっている公算が高い。

なによりも「ヘリ空母」の大きな弱点は、敵軍が「対艦巡航ミサイル」をもっている先進国軍隊であった場合に、争点となっている陸地へなかなか近寄れもしないことである。

米海兵隊の悩みも、じつはそこにある。こんにちでは、上陸用舟艇（ホバークラフトや水陸両用装甲車など）を発進させるに適した、敵軍が守る海岸からほんの数キロメートルという目視可能距離内までは、とても危なくて強襲揚陸艦は近寄れまいというので、艦尾に上陸用舟艇をさいしょから一隻も内蔵しない（したがって艦内ドックのスペースもない）、昔の純然たる「ヘリ空母」を、海兵隊は再び見直すようになっている。

英軍の「ロイヤルマリン」（米海兵隊よりずっと小規模で、むしろ米海軍特殊部隊のシールズの性格を先取りしたもの）などは、早くも一九五六年からこの結論に到達しており、ヘリ空母からのヘリ空挺を、ゴムボート潜入とともに現代の主たる上陸方法と見定めてきた。

というわけで、いまや海兵隊員を敵地に上陸させる最善の方法となりつつあるその艦上ヘリコプターも、水平線の向こうの、よほど遠くから発進をさせないかぎりは、逆にヘリ母艦が、陸地から発射される対艦巡航ミサイルによって、返り討ちに遭って沈められてしまいそうなのだ。そのくらい、対艦巡航ミサイルや機雷の脅威が、あなどれなくなった。

だからこそ、米海兵隊では、「オスプレイ」という、航続距離の長いのが取り得である、特殊な垂直離着陸輸送機に、ことさらこだわらねばならなくなっている次第だ。

これは余談に属するが、海兵隊は、ホワイトハウスから米大統領を近くの空港等まで輸送する専従のヘリコプター「マリン・ワン」の運用も担当している。その大統領輸送ヘリ「マリン・ワン」の機種更新にあたって、最新鋭たる「オスプレイ」は、まるで選考対象にならなかった。

理由は、およそ回転翼機（ヘリコプター）が着陸するときには、自機の真下に「ヴォルテックス・リング」という強い下降気流《ダウン・バースト》の風洞ができる。それゆえヘリのパイロットは、たとい敵兵から激しく銃撃を受けているような情況下でも、着陸操作だけはごくごく緩慢にやらぬと、ローター《回転翼》がこのヴォルテックス・リングにはまり込んで、瞬時に揚力を失って、地面まで一気に墜落してしまうおそれがあるのだ。

気温が高かったりして空気が薄いときや、機材を積みすぎていつもより重くなっているときなどに、操縦士がつい着陸を急いでしまうと、ヴォルテックス・リング失速がとつぜんに起きる。

そのさい、在来型のヘリコプターであったならば、あらかじめ脚部や底面を特別に強化しておくことで、万一の失速墜落の場合でも、クッションを効かせて乗員への衝撃を緩和する対策もある。ところが、胴体から左右へ長く張り出した固定翼の両端に、エンジンとローター回転軸が配置されている「オスプレイ」独特の双発スタイルでは、ヴォルテックス・リングの失速が左右のどちらかのエンジン側で一瞬早く発生するため、機体はそちらへ横転しながら地面に叩きつけられる。それでは機体の底部構造をいくら強化しても意味ないわけで、とうてい大統領の身体の安全も保《ほ》しがたいと、まず常識的に判断されているのだろう。

わが国が、比較的に短期間で取得できて、ランニング・コストもさほど負担とならないような、離島作戦用の「空母」を考えるとすれば、それは、固定翼の無人機を飛行甲板から発進させ、また飛行甲板で回収する「無人機母艦」だろう。

固定翼機は、回転翼機にくらべて滞空時間を延ばすことが容易である。米陸軍最強の攻撃ヘリ「AH－64アパッチ」などは、滞空時間は三時間しかない。これを仮に空母から飛ばすとしたら、母艦が戦場の島までよほど近寄らないと、味方歩兵の上空を常続的にカバーできないことは自明だ。

かたや、米空軍や米陸軍が、広漠たるアフガニスタンでの対地監視と対地攻撃に主用している無人機の「プレデター」だと、二十～三十六時間も無給油で飛び回ることができる。米海軍も、セーシェル諸島からプレデターをソマリア沖に飛ばし、海賊を監視中である。

南西諸島のひろがりや、積乱雲回避の余裕を考えた場合、この「プレデター」型に準じた長時間の滞空能力がなければ、友軍地上部隊が満足する密接な航空支援などは与えられないだろう。

プレデターの初期型は、地上での離着陸には六〇〇メートルの滑走路を必要とした。空母の場合、風上に向かって三〇ノット以上で走ると、適宜の合成風力が得られるので、三〇〇メートル未満のごく短い飛行甲板からの発進が可能である。発艦のみ、小型の使い捨てロケットで加速させるという方法もあろう。

カタパルト（甲板床下の長大な蒸気ピストンもしくは電磁式による加速アシスト装置）は必要としない。もしカタパルト発艦を前提にすれば、空母も無人機も未知の（日本国内には技術ノウハウが蓄積されていない）要素を新開発する必要がある。とても十年では仕上がらなくなる。既製・既知の枯れた工業要素だけで、短時日で設計・製造ができそうな新システムを提言するのでなければ、素人の理想主義的口出しはプロの業務の妨害になるだけである。

着艦も、米海軍の正規空母のような、甲板上の「拘束ワイヤー」と機体下部の「尾部フック」の組み合わせによる方法は、採用できまい。固定翼無人機は、軽量に設計されていて、急速制動に耐え得るような構造強度は有さぬものだからだ。さいわい、プロペラが胴体の後方についているレイアウトが主流なので、車輪のブレーキでは間に合わぬ場合は、飛行甲板前端の防護ネットに頭から突っ込む方式でストップさせることができるだろう。

無人機母艦は、正規の航空母艦のように、作戦用機を次から次へと大急ぎで発進させたり収容する必要がない。同時に三機も四機もリモコンすることもない。格納庫にはぜんぶで八機もあれば、連続数週間の、時間的にとぎれのない常続的飛行ミッションが可能である。よって飛行甲板も空《す》き空《ず》きとしているし、エレベーターの昇降作業も緩徐に行なえばよい。

この無人機によって一発五〇キログラム前後のGPS誘導爆弾（誤差一三メートル）を高度五〇〇〇メートル以上から落とす対地支援を想定すると、島に上陸してきたシナ軍歩兵（または韓国軍歩兵）は、肩射ち式の対空ミサイルぐらいはもっているだろうが、まずその照準を高空の無人機に対してつけることができないだろう（二〇一一年のリビア干渉でも、肩射ち式対空ミサイルの脅威はほとんど実感されなかったようだ）。

夜間は、無人機は高度を四〇〇〇メートル以下まで下げても地上から視認されない。小銃弾のまぐれ当たりも、三〇〇〇メートル以上ならば顧慮しなくてよい。無人機は、その高度からは、一発五〇キログラム前後のレーザー誘導爆弾（誤差数メートル）や、同じく一発五〇キログラムのヘルファイア・ミサイルを随意に運用可能である。

超水平線距離での母艦と無人機のあいだの双方向データ通信の維持は、念のために無線中継用の無人機（同型機）を別にもう一機、同時に中間点の高空に滞空させる方法によるのが、軍事衛星資産が不十分な自衛隊としては、合理的であろう。

プレデター級無人機の航続距離があるなら、「無人機母艦」は、南西諸島の島影に隠れながら、水平線をはるかに越えた戦場の島を空中から火力支援できるので、敵の長距離対艦ミサイルに照準されぬよう、工夫しやすいであろう。

独自な「対抗不能性」の追究

米ソ冷戦をソ連の敗退に終わらせた一九八〇年代のレーガン大統領の切り札の一つが、「ＳＤＩ」（通称「スターウォーズ計画」）であった。

後知恵では、レーザー砲だとか素粒子砲だとかハイテク迎撃ミサイルによっては、ソ連のＩ

ＣＢＭもＳＬＢＭも阻止することはできないことが認定されている。こんにちの技術でも、それは実現できそうにない。

しかし、当時は誰もそこまで断言ができなかった。

もしかすると、Ｆ・Ｄ・ローズヴェルト大統領がゴー・サインを出した「マンハッタン計画（原爆開発）」や、ケネディ大統領がぶちあげた「アポロ計画（有人月面旅行）」のように、アメリカの底力が、他国の企て及ばぬ方法をじっさいに示すというなりゆきが、あるかもしれぬと世界の人々は思った。

そこで危機感を抱いたソ連は、かつて米国の原水爆にあとから追いついて対抗した成功体験を思い出し、米国のＳＤＩの要素（それには「スペースシャトル」まで含まれた）をすべてスパイし、鏡像のように模倣しようとした。米国は、ソ連のスパイに隠し事をするどころか、逆に、あらゆるアイディアを公開しながらメーカーに研究を発注した。〈ソ連もＳＤＩをおやんなさい。お互い安全になるだろう〉とレーガン大統領はけしかけた。ＧＤＰが米国の数分の一でしかないソ連にとって、米国の猿真似をすることは財政の自殺だった。ソ連は力尽きた。

このＳＤＩと比べると、「ＭＤ」は筋が悪い。拙著『日本人が知らない軍事学の常識』でも縷述《るじゅつ》したように、ＭＤは、日本を核武装させないために考えられたプロジェクトであった。

中共はＭＤを鏡像模倣する能力は最初からない。他方でＭＤを無力化する安全・安価・有利な方法なら、いくらでももっている。たとえば、満州の中距離弾道弾のかわりに、シナ奥地からＩＣＢＭを東京に向けて発射すれば、その中間飛翔速度や高度はイージス艦の対処能力を超え、その最終落下速度はＰＡＣ－３の対応能力を超えるので、自衛隊はどうやっても迎撃は不可能なのである。東京上空で、水爆が炸裂するだろう。

したがって、あまりＭＤなどに深く付き合ってしまうと、こんどは国防が破綻するのはシナの側ではなくて、日本の側だ。一九八〇年代に日本人がＳＤＩを褒めそやしたとすれば、それはソ連をいやがうえにも焦らせる効果があったから、戦略的にとても正しかった（日本のＧＤＰもとっくにソ連を抜いていた）。しかし一九九〇年代以降、ＭＤに心の底から賛成する日本人がいるとするなら、その人は、水爆のわが人民に与える惨害というものを、真剣に気にしない人であろう。

シナは戦前の蔣介石時代いらい、一貫して、小学校からの反日教育を継続している。また一九六〇年代から、原爆や水爆を搭載した中距離弾道ミサイルで東京都を何十回でも破壊できる。どちらも、確実な既知情報だ。

シナには東京を水爆で攻撃する能力もあれば、意思も十二分にある。これを正真正銘の脅威と思わず、都市公共空間の「地下壕化」を極力推進しようともしてこなかった日本の政治家は、理性が麻痺しているのではないか。

参考までに、北朝鮮が出力無制限のはずの核実験で達成した出力は、地震波からの推計で〇・五キロトン～一・五キロトン（このとき、どれほどの地底からでも確実に地表へ滲出してくる放射性同位体クリプトン85やキセノン133が大気中から採取されているので、核分裂は確実に起きたと推定される。しかし二〇〇九年の二度目の実験は、地震波がより強力となっているにもかかわらず、それらの放射性同位体は地上にまったく出てこず、硝酸アンモニウム肥料と重油の混合物を集積して爆発させたフェイクだろうと推定できる。爆発直後に弾道弾を複数発射して景気づけをしていることも、いんちき説を補強しよう)。

「9・11テロ」でペンタゴンに突っ込んだB757旅客機は、機体自重が五八トン、残燃料二〇・五トンで、その破壊エネルギーが、ほぼTNT四〇〇トン(＝〇・四キロトン)に相当したとされる。ペンタゴンは、一部煉瓦積みという一九四〇年代の建物だったが、小破で済んでいる(機外死亡者は百八十九人)。

自爆旅客機二〜三機分に等しい一キロトン前後の核分裂を地下洞でやっと実験した北朝鮮と、数メガトンの核融合爆弾をいつでも何発でも弾道弾に搭載して東京に指向できるこんにちの中共軍とは、比較にもならぬことを理解するのに、およそ高等な計算は必要なかろう。

敵国が簡単に対抗し無効化できるような防衛システム(すなわちMD)に国民の税金をつぎ込むのは、危険で高価でしかも不利だ。

敵国がいつまでも対抗できず、真に戦争抑止効果のあるシステムに、有限の国防資源を投ずることこそが、「安全・安価・有利」である。その具体的なアイテムを、いちいちマニアックに論じてもいいが、それは、本書の主眼ではないだろう。

エピローグ——開戦前の宣伝に屈しないために

幕末の軍学者の佐藤信淵《さとうのぶひろ》は、その著『西洋列国史略』の中で、「西洋人は此國《このくに》を称して『シナ』と称《とな》へ呼ぶ、『シナ』は秦なり」と説明する（滝本誠一編『佐藤信淵家学全集　下巻』昭和二年、岩波書店）。

江戸時代の人は、ながらくシナ人を「とうじん（唐人）」と俗称し、儒者はまた、地理的なシナのことを「唐土《とうど》」と書くことがあった。

唐朝の前や後のことも「唐」で代表させるわけだが、「唐」はこれを「から」と読むこともあり、その場合、朝鮮半島を指す「韓」の字が当てられることもあって、いろいろとややこしくなる。

曖昧さや面倒臭さを排除するため、明治の日本人は西洋人を真似て「シナ」を採用したのだろう。

「中國」なる名辞を、自国について用いるのならばともかくも、隣国の上に奉呈するのは狂愚であると諭したのは、徳川時代初期の軍学者・山鹿素行《やまがそこう》であった。漢字圏では、軽卒な名辞の承認が、ふたつの政体のあいだの上下関係を規定してしまう。聖徳太子や山鹿素行のように醒めたセンスがない外交当路者には、絶東《ぜつとう》において日本国の独立を保つことは難《かた》いであろう。

地理的概念としての「シナ」という表記は価値中立である。それにわざわざ漢字の「支那」を当てたのは、明治期のフォーマルなテキストは、カナ混じりの漢文調で書くべきだという風潮があり、その文章中にカタカナの「シナ」を挿入しては読みにくくなったからであろう。こんにちでも略号としては「支」がわかりやすい。が、「シナ」ではなく「支那」と書くことには、戦前史の記述を除いては益はなくなった。

筆者兵頭は、「シナ」を、石器時代から近代以降まで包括する地理的な概念として用いる。「シナ人」という歴史的に一貫した民族は、たぶんない（漢末に絶滅的断絶があるため）。「シナ人」は、シナ大陸の地理が、つねに作り出すものであろう。

特定の地理が特定な文化を作ることは、早くは熊沢蕃山《くまざわばんざん》が道破した。蕃山の指摘する如く、シナ大陸の地理から生み出される儒教文化は、日本の「水土《すいど》」にはマッチしない。この悟性が共有されるなら、日本の政府当局から貿易商人まで、シナ人との付き合いを水のように淡くすることは可能であった。

ところがこの悟性を、「東洋史学」が、しばしば妨害するのだ。

東洋史は世界史とは別に存在するのだと考えることとじたい、シナ人の宣伝戦の術中に、不勉強な日本人を陥れやすくする。

「儒教学的脆弱性《ぜいじゃく》」とでも言おうか。

たとえば「漢字の発明者はシナ人だから、日本人はシナ人に特許使用料を支払え」といった、小学生レベルのすりかえレトリックにも、日本の庶民は気押《けお》されてしまうようだ。シナ人の反近代式な言いがかりに反論をしないで黙過することは、「間接侵略」を幇助《ほうじょ》することにつながってしまう。

儒教文化圏では「オレがお前を支配することの正当性」が飽きもせず熱心に語られる。かれらは狂っているのではなくて、まったく本気なのだ。かれらの鬱陶しい屁理屈や他者支配欲を日本人が絶縁できなくするのに一役買っているのが、「東洋史学」かもしれない。

もし、日本の学校で教えられている東洋史学が、世界史の中でのシナの位置づけを不明瞭化し、日本人のあいだに「儒教学的脆弱性」を植えつける役割を果たしているとすれば、国防上も困ったことだから、いまさらだが、世界史（人類史）のおさらいをしておこう。

最近の知見では、人類の祖先は百万年も前から「火」を使っていたかもしれないという。石器が埋まっているのが発見された、これまでで最古の地層は、二十七万六千年前の火山灰地層である。

現代のヒト（ホモ・サピエンス）にいちばん近いネアンデルタール人は、約十万年前から三万五千年前に欧州に暮らしていた。

しかし、原始人類が少人数で洞窟内に寝起きしながら、道具をこしらえたり火を使いこなしているあいだには、「文字」は進化しなかった。「文字」は、都市文明の中でシステム化される必要があったのだ。

「都市」の前提が、農耕である。

農耕はなかったとされる一万二千年前、地球の総人口は三百万人だったという。

そしていまから一万年ほど前、中東で、石器時代の人が、地面に大麦もしくはそれに近い植物を播種すれば安定的に収穫ができることを知った。穀類は長期貯蔵も利くので、人々は定住密度を高めることができ、そこに人類の最初の文明が芽生えた。

それから五千五百年ほど経つうちには、エジプト人が巨大ピラミッドを建造していた。かれらが象形文字を使い始めたのはそれよりも早い。

前後してシュメール人が楔形文字を発明していた。遅くともそれは紀元前三〇〇〇年より前だ。

アラム文字がメソポタミアで使われるようになったのは、紀元前二〇〇〇年頃という。

殷《いん》の甲骨文字は紀元前一四〇〇年頃である。紀元前四〇〇〇年から二〇〇〇年にかけて、中東ではいくつもの国家や民族が興亡した。ここからスピンアウトした逃亡者、交通域を広めようとした探検家、物好きな商人が、ステップ地帯を越えて、黄河の上流域に「文字の記憶」を伝えるのには、数百年も必要ではなかっただろう。

メソポタミア南部のバビロニアとインドとのあいだには、紀元前三〇〇〇年頃にはインド人による海上往来がなされている。その船が、メソポタミアの青銅冶金技術をインダスにもたらした。やはり紀元前三〇〇〇年頃には、陸路、中東からシナまで達する交流路も存在した。それが仰韶《ぎょうしょう》文明を成立させたのだろう。

文字を発明したのは誰かと問うなら、それは農耕の上に最も早く都市を築いた古代中東人である。現代のすべての国民は、中東に発した文明の後継者に該当する。

「法律」も「契約」も、古代オリエントで生まれた。紀元前二〇九五年より古いウルナンム法典の断片が発掘されている。紀元前一七九二年生まれのハンムラビ王は、それら先行した法律を参考にしていた。

甲と乙が、同じ言葉で別の対象や異なった意味を想見していたら、都市社会など成り立たない。契約や法律が洗練されることで、人々の自然言語は精密な道具に進化しはじめたのだ。

古代ギリシャ人は文字そのものを発明しなかったが、港に出入りするフェニキア商人から文字を借りて、母国語の発音を精密にテキスト化するアルファベット・システムを開発した。そのとたん、それまで人類への文化的貢献がゼロだったギリシャ人は、一躍、「科学的思考」の先導者となった。

しかし哲学の黄金期を築いたそのギリシャ人も、いまのギリシャ人ではない。やがて、異民族がバルカン半島を南端まで乗っ取ったので、人種の構成、顔かたちからして、アリストテレス以前のギリシャ人たちとは、もう別な存在になっているのだ。

同様、いまのシナ人も、先秦~前漢時代のシナ人たちとは異なった人々である。西暦一八四年から始まった「黄巾《こうきん》の乱《らん》」で、チベット系・ベトナム系の色濃かった漢人は、十人のうち九人が殺されるか死滅に追い込まれた。絶滅に近かったその人口真空を、七世紀までに満州人（隋朝の中心勢力）が満たす。それがいまのシナ人たちが血を受け継いでいるご先祖さまにほかならぬ。

ゆえに、いまのシナ人は文字の発明者ではないのみか、漢字も借用しているにすぎず、「漢民族」を僭称しているけれども、血筋は「北狄《ほくてき》」そのものなのである。

だからといって、われわれ日本人は外国を、何か遺伝学的な事由をもって卑下することもなければ景仰もしない。ただ、小人《しょうじん》の多い国を見て「小人大国だね」と、ありのまま、観ずるだけなのである。

このごろ、「戦争は起きるんですか？」と訊く人が増えた。

その質問からして、間違っているだろう。前世紀において、もうそれは、現実世界の問題把握を誤った考えであったはずだ。

戦争は、人間に言語力（未来予測力）というものがあるかぎり、常続する。

いかにも、二十世紀以前に、狭く人工的に定義された国際法上の「戦争」状態は、講和条約の批准書交換をもって終わるものである。

しかし、それは「全戦争概念の部分集合としての『戦争』」が終わる、というだけだ（これを理解するのも、言語力である）。

狭義の戦争と同じく昔から政治の延長であった「間接侵略」の試みは、やむことなく常続してきたし、これからも、人間社会とともに常続するだろう。

私はこれまで、わが国の大方の軍事評論家諸氏とは反対に、「シナ軍は核兵器を除くと装備の質でも訓練の水準でも自衛隊より劣った軍隊である。特に米軍とは勝負にもならない」と言い続けてきた。

だが私は次のようなことも併せて警告し続けてきたつもりだ。

まず、中共の幹部には、修羅場ずれした喧嘩マインドがあること。

それは、軍隊や準軍隊をリアルに何度も動員して人殺しをさせ続けてきたことによる「摩擦のすくなさ」に裏打ちされており、凄みを発していること（クラウゼヴィッツの術語である「摩擦」については本文中にも、また拙著『【新訳】戦争論』でも注解した）。

そのような政治指導者の「徳」に加えて、一般にシナ人集団には「他国の近代空間を反近代空間に変えてしまうソフト・パワー」がある。

これらが合体して、他者の空間に対する総合的な破壊力・溶解力になっており、それは端倪《たんげい》すべからざる脅威だ──と。

以上は「警告」というよりも、事実をありのままにご覧なさいよと促しているだけなのであるが、なかなか世の承認が広まらないのは残念である。

現行自衛隊法では、自衛隊が、「直接侵略」だけでなく「間接侵略」に対してもわが国を防衛する、と定義をしてある。しかしこの法案が想定した「間接侵略」とは、具体的には〈中共の手先となった住民グループが自衛隊や米軍の飛行場滑走路を襲撃する〉といった事態で、これまた、人為的に狭く定義された間接侵略のスタイルでしかない。

戦時というのは、憲法が通用しなくなる時空である。だからそこでは兵隊は人を殺してよくなるわけで、ほとんど「何でもアリ」。

そんな戦争状態が始まれば、米軍を味方にしている方が勝つに決まってるだろう、と思われがちだが、そうでもない。そもそも中共政府は日本の憲法などにおかまいなく、広義の間接侵略を含めて平時から「何でもアリ」だからだ。

中共の対日核脅迫オプションとして、米軍の所在地を避けた核の行使、またはそのブラフは、おそらく有効である。もし五島列島や伊豆大島あたりで水爆が炸裂しても、誰もシナを抑止できない。続いて米軍基地のない大都市が攻撃されたとしても、米国大統領の対支「膺懲《ようちょう》」は日本人を決して満足させないレベルにとどまるだろう。

なりゆき次第では、南西諸島ぜんぶの割譲どころではなく、日本政府中枢が、シナ政府の配下たちに乗っ取られることになるだろう。シナの対日最善手は、このような核脅迫を梃子《てこ》とした間接侵略である。

中共の通常戦力がいかに旧式だといっても、その後ろ盾として核ミサイルが控えていれば、通常戦力の威圧力は何十倍にもなるだろう。最後は核を使えばよいと肚を決めたら、北京の指導部としてはじつに気軽に軍隊を動かすこともできるし、かれらの外交官の言葉の脅しは、何十倍にも強まるだろう。この意味で核兵器は「使える」兵器であって、現に機能をしている。

逆に「非核」の日本の外交官の言葉をシナ人が相手にする必要は、あまり感じられまい。むしろ逆に、高級官吏や政治家や財界有力者が強力な籠絡《ろうらく》工作を受け、間接侵略の手先にまで落ちぶれてしまう。このように、間接侵略の担保もじつは核なので、その脅威はまさに増進中だ。

私は、いわゆる「田母神論文」を支持した者と批判した者の二〇〇九年における論調を見聞し、現今の日本の指導層のエリートたちにも言論人にも、とうてい、大国相手の核抑止戦略などを遂行し得るほどの「言語力」はないという恥ずべき国家秘密を知ってしまった。それを境に、私は、核武装論者たることは廃業したが、だからといって日本はシナに対して「対抗不能」であるわけではない。それについては別な書籍中で語る機会もあろうし、また、本書にもそのヒントの多くを開示しておいた。

シナ的な「放伐《ほうばつ》」のあり得ない超俗酋長（ルース・ベネディクトだけが見破った日本の天皇制の古代南洋的なオリジン）は、近代日本を間接侵略から防衛してくれている最大の城壁である。その城壁を破壊しようと用意されたのが、〈1946マッカーサー偽憲法〉である。

故・江藤淳は、稀有な言語力を有する日本人として、三島由紀夫的な演出には頼らずに、日本人に「1946憲法」の棄却を説諭できるとずっと考えていた。だが晩年になり、その自負と見通しは甘かったことを悟って、『南洲残影』を書くことで、いまや三島と同じ焦慮を共有することを告白し、一九九九年になって自死した。

江藤の終生最大の関心事は、この偽憲法の問題だった。それが「閉ざされた言語空間」（日本人の理性の不自由さ）の起点にほかならないからだ。この偽憲法があるかぎり、日本の危機は絶対になくならないどころか、刻一刻と、深まってしまうばかりなのである。しかし、偽憲法の放置がどうしてそんなに危険なのか、気づけるような「勘」は、図書館に一年以上も入り浸るくらいの読書をしなければ、養われない。

本書が、日本人にとっていちばん大事な「自由」を考えるきっかけになってくれることを、切に祈るばかりだ。

あとがき

インターネットは慣れるにしたがって便利なもので、人々が知恵をつけるのに確実に貢献をしていると思う。が、素材をセレクトして「コース料理」として提供する企画には、向いていない。

この本で説明し予言していることの半分くらいは、兵頭はすでにインターネット上のウェブサイト〈複数〉で、説明したり警告したことがある。

しかし、そのアップロードは五月雨《さみだれ》式。毎日それをチェックする手間をかけてくれるような人は、日本全国でも数百人くらいだろう。

いつも特別なテーマばかりフォローしてはいられないという方々にとっては、その特別なテーマの書籍を購読することが、いちばん時間と労力の節約になるに違いない。いずれにせよ現代人の〈時間〉はタダじゃないのだ。

まとまった情報を、人々が摂取しやすくパッケージするスタイルとして、こんにちでも、紙媒体の書籍は勝れているという証明に、本書もなってくれることを望みたい。

おそらくは、「こんな話は初めて聞いた」とおっしゃる読者がほとんどであろう。断片的な話題がひとかたまりのストーリーとなって頭に入って、ようやく理解が進んだという方もいらっしゃることだろう。

さらに深く、個々の事物についてのディテールを知りたくなったなら、本書中のキーワードでインターネット検索をかけてくれるとよい。インターネットの最大の長所のひとつがそこに見出せる。一般向け書籍に細かい字で欄外注を別記する手間は、それで除かれているのだ。

言語能力は未来予見力である。これぞ人類最大にして最強の武器である。語力（語学力ではなく）が、国家と人民のサバイバルのために緊要であることは、論をまつまい。

かつてわが国が大東亜戦争に自滅したのも、未来予見力である語力が、敵国の指導者層にくらべて劣ったせいである。戦後、この自省が痛切には看取されないのは、けだし意外とするに足るまい。一国の指導者層の語力だって、そう簡単には向上しないはずだからだ。だから、マスコミの質の「内外格差」も、戦前から戦後まで、ほぼ連続しているのだろう。

米国を筆頭とする諸外国の軍事報道界と、日本のメジャー・マスコミの向いている方角は、まるで別だ。あたかも人々の心の中の課題意識が、何百年も前から歴史的に違っているようである。安全保障分野での日本国内の言語空間は、世界の異端にほぼ類する。

たまたま外国雑誌からの和訳記事を目にした人は、そんなギャップを薄々感じ取ることもあろう。しかし翻訳・転載されない記事情報も多い。そこで、もどかしい思いをするとしたら、現代人として、健常ではないか。

ひょっとして、外国メディアに載った間違った分析を受け売りしているだけの浅薄な論筆に、日本の読者が誤導されているかもしれない。だが、それを確かめるのは、昔は楽ではなかった。

わたくし兵頭は、若い時期、外国の軍事・外交情報を和訳して掲載していそうな雑誌を網羅的に、極力定期的に、首都圏の大きな図書館でチェックするようにしていた。しかし定職を得ていたあいだは余暇がなくなったし、函館市に引っ越して所帯をもつと、いよいよ「貧乏ひまなし」を絵に描いた生活サイクルに突入し、とても図書館通いなどはしておれなくなった。

書店で最新雑誌に立ち読みで目を通すという非常手段も、東京都内では平気だったのに、地方の書店やコンビニだと、トシのせいもあるのかもしれぬが、どうもいたたまれない。それで、いつも無料で拙宅まで恵送してくださるありがたいかぎりの数誌のほかは、専門誌も総合誌も娯楽誌も、まったく読まないという習慣が、いつしかできあがってしまった。

救いの神は、二〇〇二年末からわたくしの自宅でアクセスできるようになったインターネットである。

世界の軍事系ニュースの多くは、英文のインターネット空間で、競うが如くに発信されていた。玉石混淆の「玉」に属する情報が、特別な料金のかからぬ公開サイトで読めるのだ。ただし、軍事の基礎知識と、語学のいくばくかの修業がなくては、「見出し」の意味すらさっぱりわからない。

「翻訳ソフト」なるものがいっこう使い物にならぬことは、アフガニスタンで米軍が十年以上何に苦しんでいるかをフォローしてきた者にとっては、想像がつくだろう。そして、どういうわけか日本語のウェブ空間では、英文読解力のあるらしい日本人ブロガーは、しばしば「反日」バイアスの濃い工作員のような書き込みばかりしているし、一方の保守系ブロガーは、和訳された記事のみに基づく議論で満足していて、「閉ざされた言語空間」を破壊する武器には興味がなさそうにみえる。

考えてみれば、A氏の趣味がB氏の関心領域と一致しないのは、ごくふつうにあることだ。ここに至ってわたくしは、じぶんでじぶん向けのサービスをするしかないと知った。それから、篤志の方々のホームページに「間借り」をして、英文インターネット・ソースのさまざまな軍事記事を、日々そのときの気分で選別しながら、要録とコメントを日本語で書き込むようになった。

徒労のようでもあるが、日頃、情報検索ではインターネットにさんざんお世話になっている身。昔なら電車賃をかけて国会図書館にでも行くしかなかった疑問が、居ながらにして調べがつくのであるから、できる範囲で「恩返し」をしたいまでである。

継続してそんな勤労奉仕をしていたら、「米支戦争」といった奇特なテーマについても、いっぱしの講釈ができるようになった。その、現時点での最新の切り口を示したのが、本書である。

斯《か》かる次第であるから、本書執筆にさいし、近年日本語で刊行されたはずのまじめな軍事情勢研究業績は、ほとんど参照されていない。そういった日本国内での主流的見解のダイジェストを学びたいのだという読者の期待には、残念ながら本書は背くであろう。この一冊は、あくまで兵頭一個の異端的な理解と警告を世間に知らせようとする出版事業である。

著者の予想しないほどに好評であった前作の『日本人が知らない軍事学の常識』（鳥居民先生からも新聞紙上にご書評をいただき、かたじけなきかぎりであります）に続き、本書も、草思社の増田敦子氏に、企画段階からお世話になりました。

あらためて皆さまに、深く御礼を申し上げます。

平成二十四年八月

兵頭 二十八

著者略歴――――
兵頭 二十八 ひょうどう・にそはち

1960年長野市生まれ。1982年1月から84年1月まで、陸上自衛隊(原隊は上富良野)。90年3月、東京工業大学 理工学研究科社会工学専攻 博士前期課程 修了。軍事系の雑誌社編集部などを経て、95年以降はフリーの著述家。2002年末からは函館市に住む。著書(共著、劇画原作を含む)に、『日本人が知らない軍事学の常識』『【新訳】戦争論』『精解 五輪書』『【新訳】孫子』『大日本国防史 歴代天皇戦記』『東京裁判の謎を解く』『陸軍戸山流で検証する 日本刀真剣斬り』『2011年 日中開戦』『あたらしい武士道』『「自衛隊」無人化計画――あんしん・救国のミリタリー財政出動』『イッテイ――13年式村田歩兵銃の創製』『新解 函館戦争――幕末箱館の海陸戦を一日ごとに再現する』『極東日本のサバイバル武略――中共が仕掛ける石油戦争』など多数。ウェブサイトの「武道通信」からは毎月1回「読書余論」を配信(有料)し、過去の厖大な軍事文献の要点紹介に努めつつある。

北京は太平洋の覇権を握れるか

2012年 9月28日 第1刷発行
2012年 10月26日 第2刷発行

著　者 兵頭二十八
装丁者 藤村　誠
発行者 藤田　博
発行所 株式会社 草思社
〒160-0022 東京都新宿区新宿5-3-15
電話 営業 03(4580)7676 編集 03(4580)7680
振替 00170-9-23552

印　刷 中央精版印刷株式会社
製　本 大口製本印刷株式会社

ISBN978-4-7942-1926-8 Printed in Japan 検印省略

http://www.soshisha.com/